"十三五"高等职业教育核心课程规划教材·机电大类

U0719672

逆向工程及 3D打印技术应用

刘永利 主编

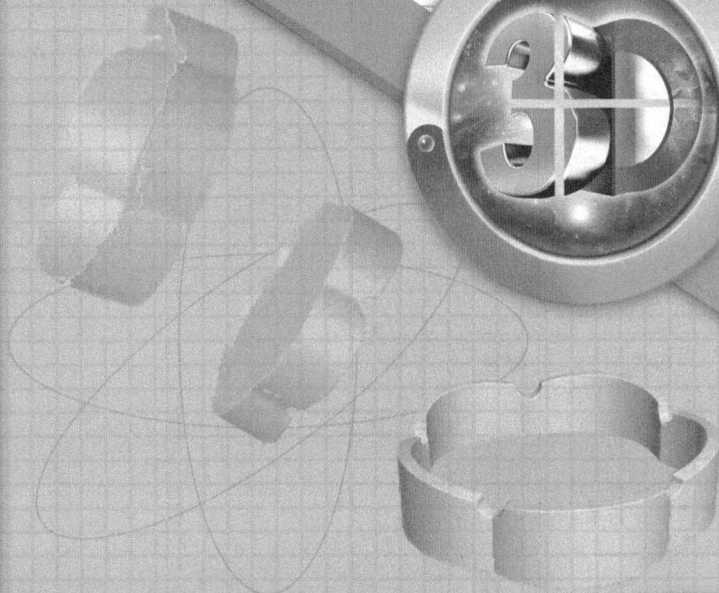

西安交通大学出版社
XI'AN JIAOTONG UNIVERSITY PRESS

教材简介

本书从逆向工程及3D打印技术实际应用需求出发,以典型产品烟灰缸的快速开发为项目载体,依据产品的逆向设计和3D打印流程来安排设计任务,使读者在流程中反映设计任务,任务中体现流程,使教材的结构体系更加清晰,便于读者的学习和理解。

本书包括六个项目,每个项目由2个任务构成,总计12个任务。项目一介绍了逆向工程技术的概念、逆向工程的工作流程及逆向工程技术的应用领域;项目二介绍了三维数据采集的方法、扫描流程及 HandyS-CAN300 手持式三维激光扫描仪的使用;项目三介绍了 Geomagic Qualify 12 逆向设计软件中数据处理与数模重构的方法;项目四介绍了3D打印的发展趋势及3D打印常见的典型工艺和成型原理;项目五介绍了3D打印所用的材料、设备、Cura Weedo 分层软件操作方法及桌面式3D打印机打印模型的制作过程;项目六介绍了FDM 桌面级 3D打印机维护、保养、常用故障诊断与排除。

本书可作为高职高专院校模具设计与制造、机械设计与制造、机械制造与自动化、工业设计等专业的教材,也可以作为从事逆向工程及3D打印技术应用的技术人员培训教材或参考书。

图书在版编目(CIP)数据

逆向工程及3D打印技术应用/刘永利主编 . —西安:
西安交通大学出版社,2017.11(2024.1 重印)
ISBN 978 - 7 - 5693 - 0248 - 6

Ⅰ.①逆… Ⅱ.①刘… Ⅲ.①工业产品－设计
②立体印刷－印刷术 Ⅳ.①TB472②TS853

中国版本图书馆 CIP 数据核字(2017)第 277490 号

书　　名	逆向工程及3D打印技术应用	
主　　编	刘永利	
责任编辑	郭鹏飞	
出版发行	西安交通大学出版社	
	(西安市兴庆南路1号　邮政编码710048)	
网　　址	http://www.xjtupress.com	
电　　话	(029)82668357　82667874(市场营销中心)	
	(029)82668315(总编办)	
传　　真	(029)82668280	
印　　刷	西安日报社印务中心	
开　　本	787mm×1092mm　1/16　　印张 7.75　　字数 184千字	
版次印次	2018年1月第1版　2024年1月第8次印刷	
书　　号	ISBN 978 - 7 - 5693 - 0248 - 6	
定　　价	29.00元	

如发现印装质量问题,请与本社市场营销中心联系。
订购热线:(029)82665248　(029)82667874
投稿QQ:21643470
读者信箱:21645470@qq.com

前　言

　　本教材是国家重点研发计划"3D打印技术教育培训云平台研发及示范应用(2017FYB1104203)"项目建设成果之一。其目的是以"互联网＋3D打印＋培训教育"的创新应用模式为主线,开发形成 3D 打印技术教育培训云平台,凝聚 3D 打印教育资源,降低 3D 打印学习门槛、激发大众创新创意活力,为智能制造培养高技能人才,从而推动 3D 打印技术的快速普及、推广应用及产业化发展。

　　逆向工程和 3D 打印技术已成为产品快速开发的一种重要手段,被广泛应用于机械工程、汽车、家电、航空航天、生物医学、建筑和文化创意等领域。随着越来越多的企业将逆向工程和3D 打印技术引入产品开发,对具备逆向设计和 3D 打印知识及能力的高素质高技能型人才的需求也逐年增多。

　　本教材在编写过程中,以逆向工程和 3D 打印技术应用为重点,并包含必要的理论知识,遵循"项目驱动、任务引领"的高职课程改革理念,以典型产品的快速开发为项目,依据产品开发流程设计任务,强化技术应用,将逆向工程和 3D 打印技术两部分知识和技能揉合在一本教材中,使读者可在短时间内,就能够获取逆向工程与 3D 打印技术的基本知识及应用该技术的基本能力。

　　本教材具有以下特色:

　　1.以新技术发展为主题,突出技术应用。

　　内容选取上,力求反映逆向工程和 3D 打印技术发展的最新动态和实际需求,紧紧围绕新技术、新工艺、新设备在典型产品的逆向设计与快速制造中的具体应用来组织教材内容。把产品逆向设计与 3D 打印的工作流程及技术应用贯穿于项目布置和任务实施中。

　　2.以"项目驱动,任务引领"为理念,设计教材结构。

　　按照产品逆向设计和 3D 打印流程设计项目。在项目的设计中,把逆向工程和 3D 打印技术及其应用,通过知识点、案例、实际操作有机结合;在实施"任务"中,把知识、技术与方法,通过案例教学,使学生对产品的快速开发有整体的认识。有针对性地强化学生对逆向工程、3D打印技术的理解及应用能力。

　　3.以"产品"为对象,"流程"为脉络,设计学习任务。

　　按照产品逆向设计和 3D 打印的流程:三维数据扫描→数模重构→3D 打印样件,将典型产品贯穿于整个流程,设计学习任务。在流程中反映任务,任务中体现流程,使其结构更清晰,便于学生学习和理解。

　　4.以校企合作模式为指导,组建教材编写团队。

　　在教材的开发过程中,注重与企业的联系,请工程技术人员出谋划策,参与教材的开发。教材编写团队由一线骨干教师和企业资深工程技术人员组成,技术能力强,经验丰富,实现了校企共同开发教材。

参加本教材编写的主要有刘永利、曹杰、张欢等。其中刘永利编写了项目二及项目三,张欢编写了项目四,曹杰编写了项目五及项目六。全书由刘永利教授统稿、定稿。

本教材由江苏省三维打印装备与制造重点实验室主任、南京师范大学杨继全教授担任主审,杨教授对本教材的编写提出了宝贵的建议和意见。此外,在本教材的编写过程中,还得到了江苏威宝仕科技有限公司、淮安信息职业技术学院、江苏食品职业技术学院等相关老师的帮助,在此一并表示衷心的感谢!

由于作者水平有限,教材中存在疏漏及不足之处,恳请广大读者批评指正,提出宝贵意见。

编者

2017 年 11 月

目　录

项目一　逆向工程技术认知

教学导航

项目名称	项目一　逆向工程技术认知		
教学目标	1.理解逆向工程技术的概念； 2.掌握逆向设计的工艺路线及逆向工程的工作流程； 3.了解逆向工程技术的应用领域。		
教学重点	1.逆向工程技术的概念； 2.逆向设计的工艺路线及逆向工程的工作流程。		
工作任务名称	主要教学内容		
	知识点	技能点	
任务一　认识逆向工程技术	逆向工程技术定义；逆向设计的工艺路线；逆向工程的工作流程。	了解逆向设计方法	
任务二　逆向工程技术应用	仿制；改进设计；创新设计。	了解逆向工程技术应用	
教学资源	教材、视频、课件、设备、现场、课程网站等。		
教学(活动)组织	教师说课：本课程在专业中的作用、课程教学内容、学习方法、考核方法，学生听课； 先播放视频，找学生回答逆向工程的定义，教师总结给出正确答案； 根据逆向工程的定义，找学生回答逆向工程的工作流程，教师总结； 教师举例讲授逆向工程技术的应用领域，学生听课。教师总结。		
教学方法	观摩教学、案例教学、分组讨论等。		
考核方法	通过课后作业：逆向工程技术定义和逆向设计工艺路线及逆向工程的工作流程，来考核学生的掌握情况，并且通过提问来进一步验证学生的掌握情况。		

　　逆向工程技术目前已应用于产品的复制、仿制、改进及创新设计，是消化吸收先进技术及缩短产品设计开发周期的重要支撑手段，广泛应用于机械、航空、汽车、医疗、艺术等领域。本项目通过阐述逆向工程技术的概念、逆向工程的工作流程和系统组成，以及展示逆向工程应用的成功案例，阐明逆向工程的应用意义，使读者对逆向工程技术有整体的认识。

任务一　认识逆向工程技术

　　逆向工程（Reverse Engineering，RE）也称反求工程、反向工程等，是通过各种测量手段及三维几何建模方法,将原有实物转化为三维数字模型,并对模型进行优化设计、分析和加工。

产品的传统设计过程是根据功能和用途来设计,从概念出发绘制出产品的二维图纸,而后制作三维几何模型,经检查满意后制造出产品来,采用的是从抽象到具体的思维方法(见图1-1)。逆向工程是对存在的实物模型进行测量,并根据测得的数据重构出数字模型,进而进行分析、修改、检验、输出图纸然后制造出产品的过程(见图1-2)。

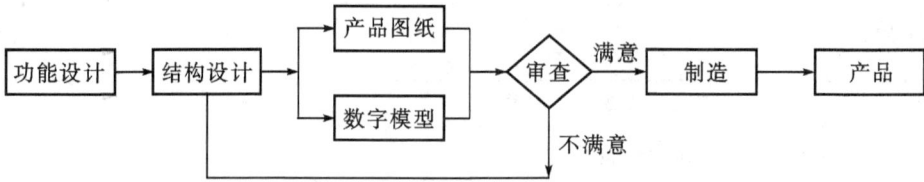

图 1-1 传统设计过程

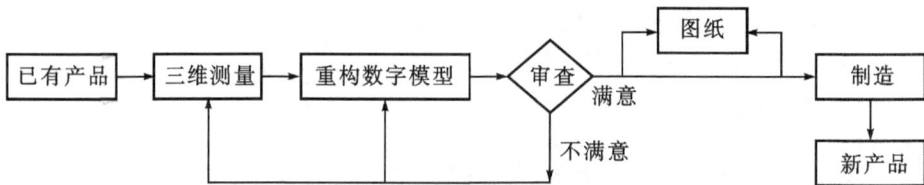

图 1-2 逆向设计过程

简单说来,传统设计和制造是从图纸到零件(产品),而反求工程的设计是从零件(或原型)到图纸,再经过制造过程到零件(产品),这就是反求的含义。在产品开发过程中,由于形状复杂,其中包含许多自由曲面,很难直接用计算机建立数字模型,常常需要以实物模型(样件)为依据或参考原型,进行仿型、改型或工业造型设计。如汽车车身的设计和覆盖件的制造,通常由工程师用手工制作出油泥或树脂模型形成样车设计原型,再用三维测量的方法获得样车的数字模型,然后进行零件设计、有限元分析、模型修改、误差分析和数控加工指令生成等,如图1-3所示;也可进行快速原型制造(3D打印出产品模型)并进行反复优化评估,直到得到满意的设计结果。因此,可以说,反求工程就是对模型进行仿型测量、CAD模型重构、模型加工并进行优化评估的设计方法。

用逆向工程开发产品一般采用的工艺路线为:首先用三维数字化测量仪器准确、快速地测量出轮廓坐标值,并建构曲面,经编辑、修改后,将图档转至一般的CAD/CAM系统,再将CAM所产生刀具的NC加工路径送至CNC加工机床制作所需模具,或者以3D打印技术将样品模型制作出来,其工艺路线如图1-4所示。

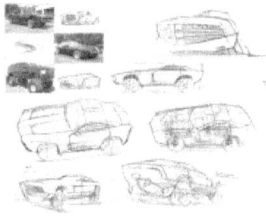

(a)手绘图

(b)效果图

(c)设计师对模型修改

(d)制作油泥模型

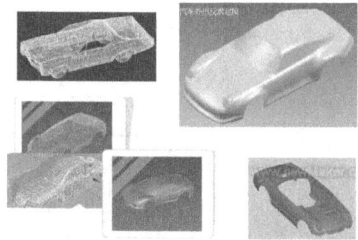

(e)采集点云数据

(f)曲面构建

(g)装配后的效果

(h)造型设计装配

(j)制作样车

(k)风洞实验

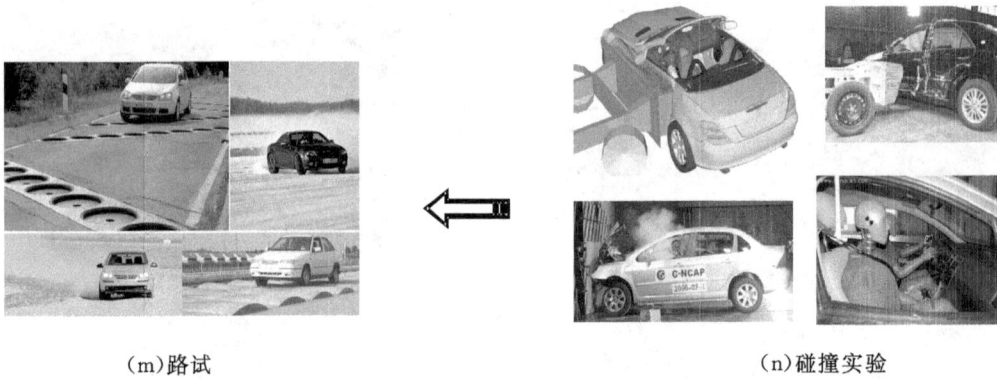

(m)路试 (n)碰撞实验

图 1-3

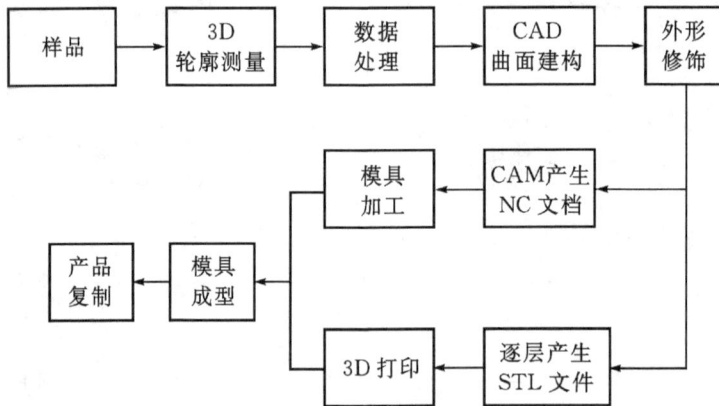

图 1-4 逆向工程开发产品的工艺路线

逆向工程的一般过程可分为实物的数据扫描、数据处理与数模重构、模型制造几个阶段。图 1-5 为逆向工程的工作流程。

1. 数据扫描

数据扫描是指通过特定的测量方法和设备,将物体表面形状转化成几何空间坐标点,从而得到逆向建模以及尺寸评价所需数据的过程,这是逆向工程的第一步,是非常重要的阶段,也是后续工作的基础。数据扫描设备的方便、快捷,操作的简易程度,数据的准确性、完整性是衡量测量设备的重要指标,也是保证后续工作高质量完成的重要前提。目前样件三维数据的获取主要通过三维测量技术来实现,通常采用三坐标测量机(CMM)、三维激光扫描仪、结构光测量仪等来获取样件的三维表面坐标值。数据扫描的精度除了与扫描设备的精度有关外,还与扫描软件的精度有关。

2. 数据处理

数据处理的关键技术包括杂点的删除、多视角数据拼合、数据简化、数据填充和数据平滑等,可为曲面重构提供有用的三角面片模型或者特征点、线、面。

(1)杂点的删除 由于在测量过程中常需要一定的支撑或夹具,在非接触光学测量时,会把支撑或夹具扫描进去,这些都是体外的杂点,需要删除。

```
                        ┌─────────────┐
                        │  实物样件    │
                        └─────────────┘
                               │
                               ▼
┌──────────────────────────────────────────────────────────────────┐
│                          数据扫描                                   │
│  ┌──────────────────┐  ┌─────────────────────────────────────────┐│
│  │    接触式测量      │  │              非接触式测量                 ││
│  │ ┌──────┐┌───────┐│  │┌────────┐┌──────────┐┌─────┐           ││
│  │ │三坐标 ││柔性关节臂││  ││三维激光 ││光栅照相式  ││ CT  │           ││
│  │ │测量机 ││测量仪   ││  ││扫描仪  ││三维扫描仪  ││扫描仪│           ││
│  │ └──────┘└───────┘│  │└────────┘└──────────┘└─────┘           ││
│  └──────────────────┘  └─────────────────────────────────────────┘│
└──────────────────────────────────────────────────────────────────┘
                               │
                               ▼
┌──────────────────────────────────────────────────────────────────┐
│                          数据处理                                   │
│ ┌─────────────────────┐                  ┌─────────────────────┐  │
│ │专用逆向软件：         │                  │专用 CAD/CAM 软件：    │  │
│ │Imageware、Geomagic、 │                  │UG、Pro/E、CATIA、     │  │
│ │RapidForm、Icem-Suf、 │   三维模型重构      │Cimatron、Solidworks  │  │
│ │CopyCAD、MagicRP      │                  │                     │  │
│ └─────────────────────┘                  └─────────────────────┘  │
└──────────────────────────────────────────────────────────────────┘
                               │
                               ▼
┌──────────────────────────────────────────────────────────────────┐
│                          实物制造                                   │
│ ┌──────────────────┐ ┌────────────┐ ┌──────────────────┐        │
│ │     快速成型       │ │            │ │     虚拟制造       │        │
│ │┌────────────────┐ │ │            │ │ ┌──────────────┐ │        │
│ ││光固化成型(SLA)   │ │ │  2D 图纸    │ │ │ 模型后期制造  │ │        │
│ ││分层实体制造(LOM) │ │ │  CNC 加工   │ │ └──────────────┘ │        │
│ ││熔融沉积制造(FDM) │ │ │            │ │        │         │        │
│ ││选择性激光烧结(SLS)│ │ │            │ │        ▼         │        │
│ ││三维打印(3DP)     │ │ │            │ │ ┌──────────────┐ │        │
│ ││……              │ │ │            │ │ │  模型展示     │ │        │
│ │└────────────────┘ │ │            │ │ └──────────────┘ │        │
│ └──────────────────┘ └────────────┘ └──────────────────┘        │
│ ┌──────────────────┐                                             │
│ │     快速制造       │                                             │
│ │┌────────────────┐ │                                             │
│ ││硅橡胶制模        │ │                                             │
│ ││电弧喷涂快速制模   │ │                                             │
│ ││环氧树脂快速制模   │ │                                             │
│ ││粉末金属浇注      │ │                                             │
│ ││金属粉末激光烧结   │ │                                             │
│ ││……              │ │                                             │
│ │└────────────────┘ │                                             │
│ └──────────────────┘                                             │
└──────────────────────────────────────────────────────────────────┘
```

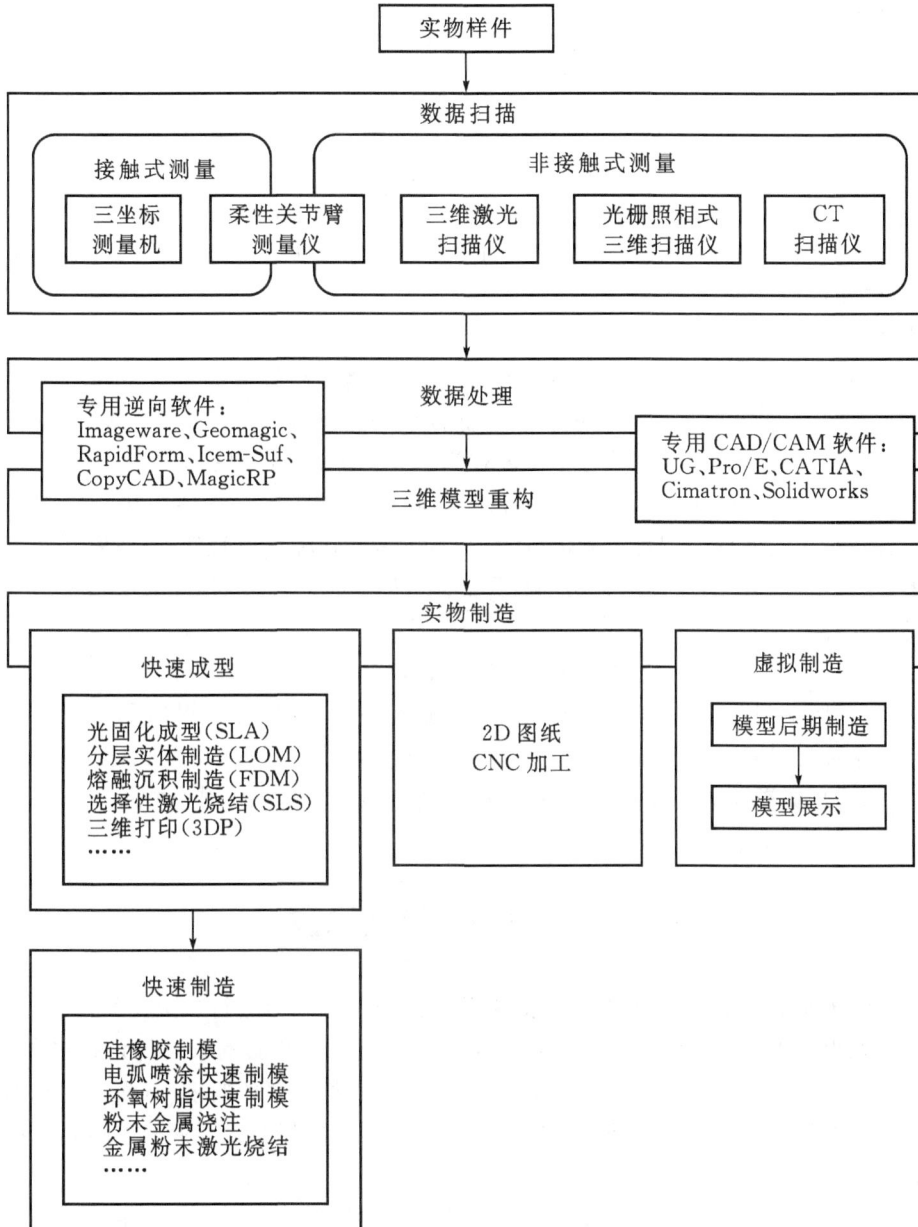

图 1-5　逆向工程工作流程

　　(2)多视角数据拼合　无论是接触式或非接触式的测量方法,要获得样件表面所有的数据,需要进行多方位扫描,得到不同坐标下的多视角点云。多视角数据拼合就是把不同视角的测量数据对齐到同一坐标下,从而实现多视角数据的合并。数据对齐方式一般有扫描过程中自动对齐和扫描后通过手动注册对齐,如果是扫描过程中自动对齐,一般必须在扫描件表面贴上专用的拼合标记点。数据扫描设备自带的扫描软件一般有多视角数据拼合的功能。

　　(3)数据简化　当测量数据的密度很高时,光学扫描设备常会采集到几十万、几百万甚至更多的数据点,存在大量的冗余数据,严重影响后续算法的效率,因此需要按一定要求减少数据量。这种减少数据的过程就是数据简化。

（4）数据填充　由于被测实物本身的几何拓扑原因或者在扫描过程中受到其他物体的阻挡，会存在部分表面无法测量，所采集的数字化模型存在数据缺损的现象，因而需要对数据进行填充补缺。例如，某些深孔类零件可能无法测全；另外，在测量过程中常需要一定的支撑或夹具，模型与夹具接触的部分无法获得真实的坐标数据。

（5）数据平滑　由于实物表面粗糙，或扫描过程中发生轻微震动等原因，扫描的数据中包含一些噪音点，这些噪音点将影响曲面重构的质量。通过数据的平滑处理，可提高数据的光滑程度，改善曲面重构质量。

3. 模型重构

三维模型重构是在获取了处理好的测量数据后，根据实物样件的特征重构出三维模型的过程。一般有两种重构方法：对于精度要求较低、形面复杂的如玩具、艺术品等的逆向设计，常采用基于三角面片直接建模；对于精度要求较高的，形面复杂产品的逆向开发，常采用拟合 NURBS 或参数曲面建模的方法，以点云为依据，通过构建点、线、面，还原初始三维模型。三维模型的重构是后续处理的关键步骤，设计人员不仅需要熟练掌握软件，还要熟悉逆向造型的方法步骤，并且要洞悉产品原设计人员的设计思路，然后再结合实际情况有所创意。

4. 模型制造

模型制造可采用 3D 打印技术、数控加工技术、模具制造技术等。其中，3D 打印技术，也称为快速成型、增材制造等，是制造技术的一次飞跃，它从成型原理上提出了一个全新的思维模式。自从这种材料累加成型思想产生以来，研究人员开发出了多种 3D 打印工艺方法，如光固化成型（SLA）、选择性激光烧结（SLS）、分层实体制造（LOM）、熔融沉积制造（FDM）等，多达几十种。

任务二　逆向工程技术应用

逆向工程不是简单地将原有物体还原，它是在还原的基础上进行二次创新，已广泛应用于工业领域并取得了重大的经济和社会效益。逆向工程技术为产品的改进设计提供了方便、快捷的工具，缩短了产品开发周期，使企业适应小批量、多品种的生产要求，从而在激烈的市场竞争中处于有利的地位。逆向工程技术的应用对我国企业缩短与发达国家的差距具有特别重要的意义。

逆向工程的应用可分为三个层次：①仿制，这是逆向工程应用的低级阶段。像文物、艺术品的复制，产品原始设计图文件缺少或遗失、部分零件的重新设计，或是委托厂商交付一件样品或产品，如木鞋模、高尔夫球头等。②改进设计，这是逆向工程的中级应用。利用逆向工程技术，直接在已有的国内外先进的产品基础上，进行结构性能分析、设计模型重构、再设计优化与制造，吸收并改进国内外先进的产品和技术，极大地缩短了产品开发周期，有效地占领市场，这是一个基于逆向工程的典型设计过程。③创新设计，这是逆向工程的高级应用。在飞机、汽车和模具等行业的设计和制造过程中，产品通常由复杂的自由曲面拼接而成，在此情况下，设计者通常先设计出概念图，再以油泥、黏土模型或木模代替 3D－CAD 设计，并用测量设备测量产品外形，建构 CAD 模型，在此基础上进行设计，最终制造出产品。具体来说有以下几个方面。

1. 新产品开发

产品的工业美学设计逐渐纳入创新设计的范畴。为实现创新设计,可将工业设计和逆向工程结合起来共同开发新产品。首先由外形设计师使用油泥、木模或泡沫塑料做成产品的比例模型,从审美角度评价并确定产品的外形,然后通过逆向工程技术将其转化为CAD模型,如图1-6所示。这不仅可以充分利用CAD技术的优势,还大大加快了创新设计的实现过程。在航空业、汽车业、家用电器制造业以及某些玩具制造行业等都得到不同程度的应用和推广。

2. 产品的仿制和改型设计

在只有实物而缺乏相关技术资料(图纸或CAD模型)的情况下,利用逆向工程技术进行数据测量和数据处理,重建与实物相符的CAD模型,并在此基础上进行后续的工作,如模型修改、零件设计、有限元分析、误差分析、数控加工指令生成等,最终实现产品的仿制和改进。该方法可广泛应用于摩托车、家用电器、玩具等产品外形的修复、改造和创新设计,提高了产品的市场竞争能力,汽车的仿制和改型设计如图1-7所示。

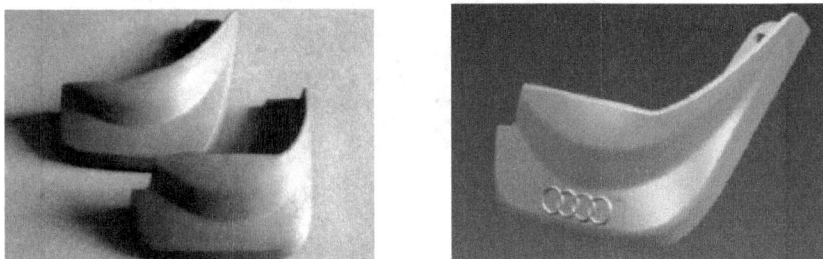

图1-6　奥迪轿车挡泥板基于油泥模型的逆向设计

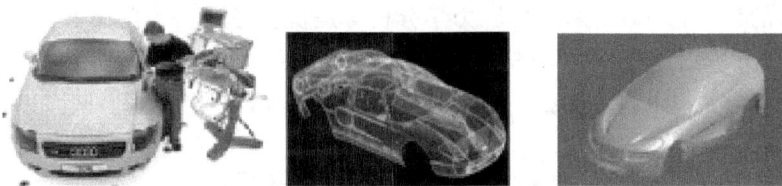

图1-7　轿车的仿制和改型设计

3. 快速模具制造

逆向工程技术在快速模具制造中的应用主要体现在三个方面:一是以样本模具为对象,对已符合要求的模具进行测量,重建其CAD模型,并在此基础上生成模具加工程序;二是以实物零件为对象,首先将实物转化为CAD模型,并在此基础上进行模具设计;三是建立或修改在制造过程中变更过的模具设计模型,如破损模具的制成控制与快速修补,如图1-8所示为阀体零件的快速模具制造。

图1-8　阀体零件的快速模具制造

4. 3D 打印

3D 打印由于综合了机械、CAD、数控、激光以及材料科学等各种技术,已成为新产品开发、设计和生产的有效手段,其制作过程是在 CAD 模型的直接驱动下进行的。逆向工程恰好可为其提供上游的 CAD 模型。两者相结合组成产品测量、建模、制造、再测量的闭环系统,可实现产品的快速开发,如图 1-9 所示叶轮的快速开发。

5. 产品的数字化检测

这是逆向工程比较有发展潜力的应用方向。对加工后的零部件进行扫描测量,获得产品实物的数字化模型,并将该模型与原始设计的几何模型在计算机上进行数据比较,可以有效地检测制造误差,提

图 1-9　叶轮的快速开发

高检测精度。另外,通过 CT 扫描技术,还可以对产品进行内部结构诊断及量化分析等,从而实现无损检测,如图 1-10 所示。

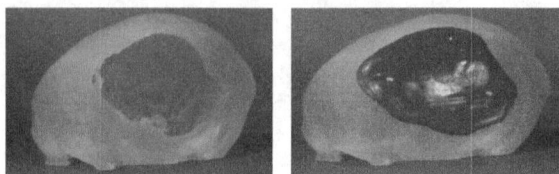

图 1-10　CT 数据—骨骼 3D 数字化模型—3D 打印模型

6. 医学领域断层扫描

先进的医学断层扫描仪器,如 CT、MRI(核磁共振)数据等能够为医学研究与诊断提供高质量的断层扫描信息,利用逆向技术将断层扫描信息转换为 CAD 数字模型后,即可为后期假体或组织器官的设计和制作、手术辅助、力学分析等提供参考数据。在反求人体器官 CAD 模型的基础上,利用 3D 打印技术可以快速、准确地制作硬组织器官替代物、体外构建软组织或器官应用的三维骨架以及器官模型,为组织工程进入定制阶段奠定基础,同时也为疾病医治提供辅助手段,如图 1-11 所示。

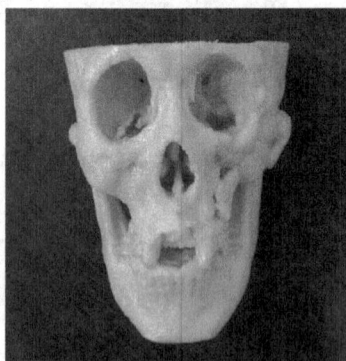

图 1-11　人头骨的制作

7. 服装、头盔等的设计制作

根据个人形体的差异,采用先进的扫描设备和曲面重构软件,快速建立人体的数字化模型,从而设计制作出头盔、鞋、服装等产品,使人们在互联网上就能定制自己所需的产品。同

样,在航空航天领域,宇航服装的制作要求非常高,需要根据不同体形特制,如图 1-12 所示。逆向工程中参数化特征建模为实现批量头盔和衣服的制作提供了新思路。

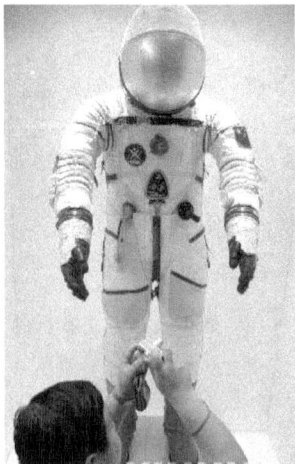

图 1-12 宇航服装的制作

8. 艺术品、考古文物的复制与博物馆藏品、古建筑的数字化

应用逆向工程技术,还可以对艺术品、文物等进行复制,将文物、古建筑数字化,生成数字模型库,不但可降低文物的保护成本,还可用于复制和修复,实现保护与开发并举,如图 1-13 所示。

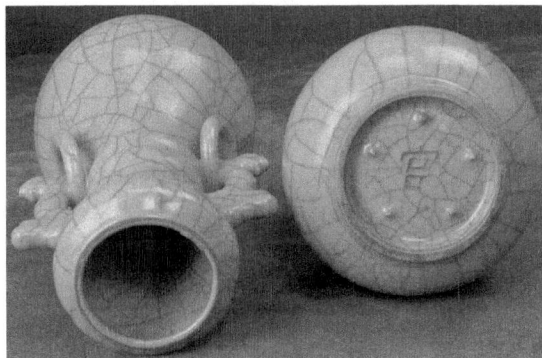

图 1-13 考古文物复原

9. 影视动画角色、场景、道具等三维虚拟物体的设计和创建制作

随着计算机技术的发展,影视动画的数字化程度日益提高,三维扫描技术也广泛应用于影视动画领域。在影视动画的角色创建过程中,三维扫描技术主要表现在数字替身和精细模型创建两方面。通过三维扫描仪对地形、地貌、建筑等场景的复制和创建,为影视动画场景的拍摄和搭建节省了资金、提高了效率。对于真实历史形态的道具创作,通过三维扫描结合三维打印等技术,实现其原型还原,例如对兵器、装饰品、室内摆件等进行扫描和还原制作,从而获得与原型一模一样的逼真道具。例如《侏罗纪公园》《玩具总动员》《泰坦尼克号》《蝙蝠侠 II》等,那些令人震撼、叹为观止的特技效果,都有三维扫描技术的参与;《侏罗纪公园》中的恐龙、《玩具总动员》中的玩偶形象、《Jungle Book》中的蛇、《Dragon Heart》中的飞龙等,都是三维扫描技术神奇效果的展现,如图1-14所示。

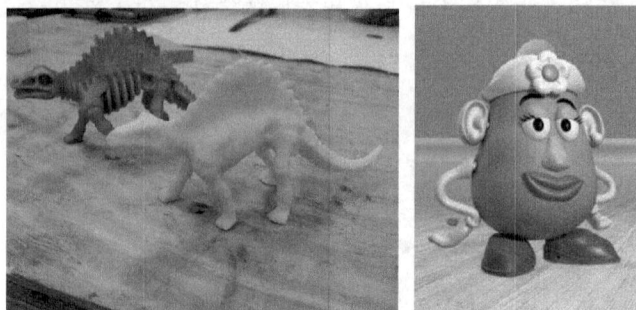

图 1-14　原型还原恐龙和玩偶形象

思考题

1-1　何谓逆向工程? 它与传统设计相比有何区别与联系?

1-2　简述逆向工程开发产品的工艺路线。

1-3　简述逆向工程的工作流程。

1-4　简述逆向工程技术的应用在哪些领域。

项目二　三维数据扫描

教学导航

项目名称	项目二　三维数据扫描	
教学目标	1. 了解数据采集的方法； 2. 掌握扫描前处理方法、扫描规划、扫描流程； 3. 学会 HandySCAN300 手持式三维激光扫描仪的使用方法。	
教学重点	1. 扫描前处理方法、扫描规划、扫描流程； 2. HandySCAN300 手持式三维激光扫描仪的使用。	
工作任务名称	主要教学内容	
	知识点	技能点
任务一　三维数据扫描认知	数据采集的方法；扫描前处理方法、扫描规划、扫描流程。	了解扫描前处理方法和扫描流程
任务二　使用 HandySCAN300 手持式三维激光扫描仪测量烟灰缸外形	HandySCAN300 手持式三维激光扫描仪简介、扫描流程、测量烟灰缸外形。	掌握 HandySCAN300 手持式三维激光扫描仪测量烟灰缸外形
教学资源	教材、视频、课件、设备、现场、课程网站等。	
教学（活动）组织	教师讲授数据采集的方法、扫描前处理方法、扫描规划、扫描流程； 教师使用 HandySCAN300 手持式三维激光扫描仪扫描烟灰缸进行示范，学生观看； 学生分组使用 HandySCAN300 手持式三维激光扫描仪扫描烟灰缸，教师指导；教师总结。	
教学方法	引导启发、示范演示、案例教学等。	
考核方法	要求每个学生都获得烟灰缸外形三维数据，根据获得三维数据的情况，对学生进行现场评价。	

任务一　三维数据扫描认知

三维数据扫描是逆向工程的基础，采集数据的质量直接影响最终模型的质量，也直接影响到整个工程的效率和质量。在实际应用中，常常因为模型表面数据的问题而影响重构模型的质量。所采集的模型表面数据的质量除了与扫描设备、软件有关外，还与相关人员的操作水平有关。

数据扫描，又称为产品表面数字化，是指通过特定的测量设备和测量方法，将物体的表面

11

形状转换成离散的几何点坐标数据。在此基础上，就可以进行复杂曲面的重构、评价、改进和制造。所以，高效、高精度地实现样件表面的数据采集，是逆向工程实现的基础和关键技术之一，是逆向工程中最基本、最不可缺少的步骤。

1. 数据采集方法的分类

目前，用来采集物体表面数据的测量设备和方法多种多样，其原理也各不相同。不同的测量方法，不但决定了测量本身的精度、速度和经济性，还使得测量数据类型和后续处理方式不尽相同。根据测量探头是否接触物体表面，数据的采集方法可以分为接触式数据采集和非接触式数据采集两大类。接触式分为基于力-变形原理的触发式和连续式；非接触式按其原理不同，分为光学式和非光学式，其中光学式包括激光三角形法、结构光法、激光干涉法、激光衍射法等，如图 2-1 所示。

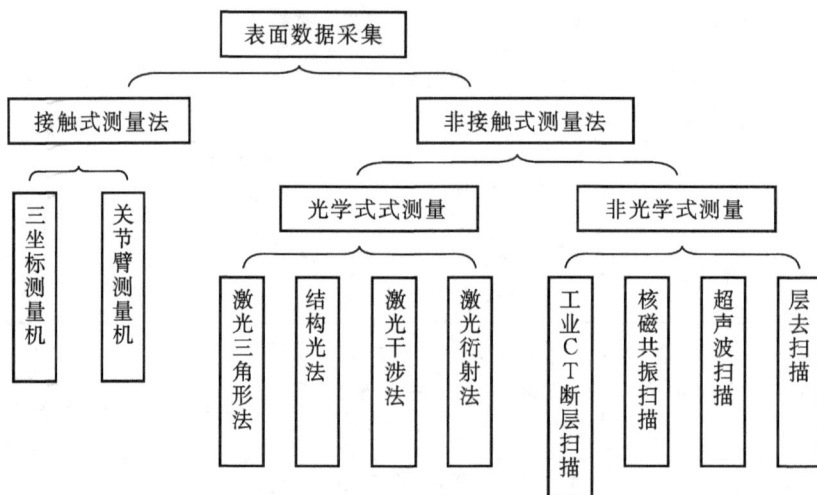

图 2-1 数据采集方法分类

2. 接触式数据扫描

接触式三维数据测量设备，是利用测量探头与被测量物体的接触，触发一个记录信息，并通过相应的设备记录下当时的标定传感器数值，从而获得三维数据信息。在接触式测量设备中，三坐标测量机（CMM）是应用最为广泛的一种测量设备。图 2-2 所示为两种结构的三坐标测量机，一种是框架式，另一种是关节式。

（1）三坐标测量机

在接触式测量方法中，CMM 是应用最为广泛的一种测量设备。CMM 通常是基于力-变形原理，通过接触式测头沿着被测物体移动并与其表面接触时发生变形，从而检测出接触点的三维坐标。按采样方式它又可分为单点触发式和连续扫描式两种。

随着工业现代化进程的发展，伴随着众多制造业如汽车、电子、航空航天、机床及模具工业的蓬勃兴起和大规模生产的需要，要求零部件具备高度的互换性，并对尺寸位置和形状提出了严格的公差要求。除此之外，在要求加工设备提高工效、自动化更强的基础上，还要求计量检测手段应当高速、柔性化、通用化。显然，传统的检测模式已不能满足现代柔性制造和更多复杂形状工件测量的需求。作为现代测量工具的典型代表，接触式三坐标测量机以其高精度（达

到 μm 级)、高效率(数十、数百倍于传统测量手段)、多用性(可代替多种长度计量仪器)、重复性好等特点,在全球范围内快速地崛起并得到了迅猛发展。

三坐标测量机是一种以精密机械为基础,综合数控、电子、计算机和传感等先进技术的高精度、高效率、多功能的测量仪器。该测量系统由硬件系统和软件系统组成。其中硬件可分为主机、测头、电气系统三大部分,如图 2-2 所示。

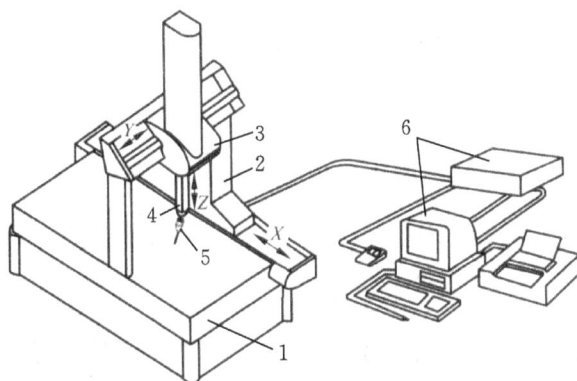

1—工作台;2—移动桥架;3—中央滑架;4—Z轴;5—测头;6—电子系统

图 2-2 三坐标测量机的组成

在工业生产的应用过程中,接触式三坐标测量机可达到很高的测量精度($\pm 0.5 \mu m$),对物体边界和特征点的测量相对精确,对于没有复杂内部型腔、特征几何尺寸多、只有少量特征曲面的规则零件检测特别有效。但在测量过程中,因要与被测件接触,会存在测量力,对被测物体表面材质有一定要求。而且也存在需进行测头半径补偿、对使用环境要求较高、测量过程比较依赖于测量者的经验等不足,特别是对于几何模型未知的复杂产品,难以确定最优的采样策略与路径。

基于接触式三坐标测量机的上述特点,它多用于产品测绘、型面检测、工夹具测量等,同时在设计、生产过程控制和模具制造方面也发挥着越来越重要的作用,在汽车工业、航空航天、机床工具、国防军工、电子和模具等领域得到广泛应用。

(2)关节臂测量机

关节臂式测量机是三坐标测量机的一种特殊机型,其最早出现于 1973 年,是由 Romer 公司设计制造的。它是一种仿照人体关节结构,以角度为基准,由几根固定长度的臂通过绕互相垂直的轴线转动的关节互相连接,在最末的转轴上装有探测系统的坐标测量装置。其工作原理主要是设备在空间旋转时,设备同时从多个角度编码器获取角度数据,而设备臂长为一定值,这样计算机就可以根据三角函数换算出测头当前的位置,从而转化为 XYZ 的形式。

如今,国际上著名的生产关节臂坐标测量机的公司有美国 CimCore 公司、法国的 Romer 公司以及美国的 FARO 公司,这些公司的多款高质量产品已经在中国乃至全球市场占据了极高的市场份额。另外,意大利的 COORD3 公司、德国的 ZETT MESS 公司等均研制了多种型号的关节臂坐标测量机,用在各种规则和不规则的小型零件、箱体和汽车车身、飞机机翼机身等的检测和逆向工程中,显示了其强大的生命力。其各自产品如图 2-3 所示。

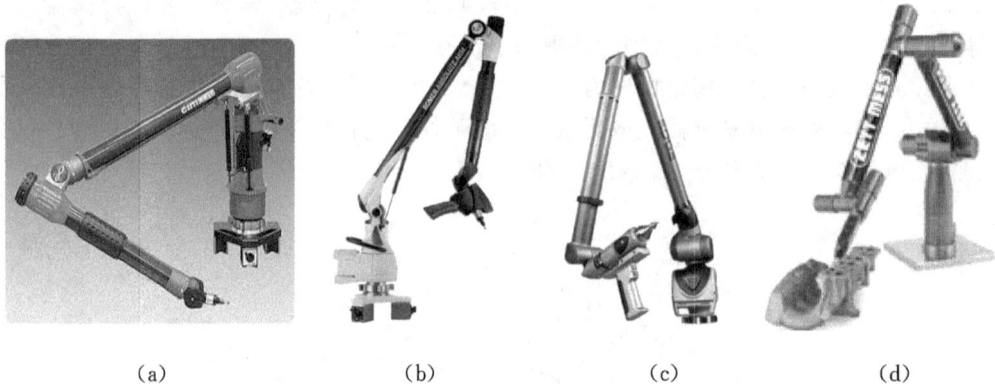

（a）　　　　　　（b）　　　　　　（c）　　　　　　（d）

（a）CimCore 公司产品　（b）Romer 公司产品　（c）FARO 公司产品　（d）ZETT MESS 公司产品

图 2-3　国外公司生产的关节臂测量机

与传统的三坐标测量机相比，关节臂式测量机具有轻巧便捷、功能强大、测量灵活、环境适应性强、测量范围较广等特点，如今，它已被广泛地应用于航空航天、汽车制造、重型机械、轨道交通、零部件加工、产品检具制造等多个行业。但因关节数目越多会在测头末端累积的误差越大，因此，通常情况下，关节臂测量机的精度比传统的三坐标测量机精度要略低，精度一般为 10 微米级以上，加上只能手动，所以选用时需注意应用场合。为了满足测量的精度要求，因此，目前的关节臂测量机一般为自由度不大于 7 的手动测量机。随着三十多年来的不断发展，该类产品已经具有三坐标测量、在线检测、逆向工程、快速成型、扫描检测、弯管测量等多种功能。

总的来看，关节臂测量机与接触式坐标测量机最大的不同点是，它可选配多种多样的测头：

①接触式测头，可用于常规尺寸检测和点云数据的采集；

②激光扫描测头，可实现密集点云数据的采集，用于逆向工程和 CAD 对比检测；

③红外线弯管测头，可实现弯管参数的检测，从而修正弯管机执行参数等。

接触式测量的特点如下。

接触式测量的优点：

①精度高。由于该种测量方式已经有几十年的发展历史，技术已经相对成熟，机械结构稳定，因此测量数据准确；

②被测量物体表面的颜色、外形对测量均没有重要影响，并且触发时死角较小，对光强没有要求；

③可直接测量圆、圆柱、圆锥、圆槽、球等几何特征，数据可输出到造型软件后期处理；

④配合检测软件，可直接对一些尺寸和角度及几何公差进行评价。

接触式测量的缺点：①测量速度较慢。由于采用逐点测量，对于大型零件的测量时间较长；

②测头与被测物体接触会有摩擦，需要定期校准测头；

③测量时需要有夹具和定位基准，有些特殊零件需要专门设计夹具固定；

④需要对测头进行补偿。由于测量时得到的不是接触点的坐标值而是测头球心的坐标

值,因此需要通过软件进行补偿,会有一定的误差;

⑤在测量一些橡胶制品、油泥模型之类的产品时,测力会使被测物体表面发生变形从而产生误差,另外对被测物体本身也有损害;

⑥测头触发的延迟及惯性,会给测量带来误差。

3. 非接触式光学扫描

非接触扫描方法由于其高效性和广泛的适应性,并且克服了接触式测量的一些缺点,在逆向工程领域应用和研究日益广泛。非接触式扫描设备是利用某种与物体表面发生互相作用的物理现象,如光、声和电磁等,来获取物体表面的三维坐标信息。其中,以应用光学原理发展起来的测量方法应用最为广泛,如激光三角法、结构光法等。由于其测量迅速,并且不与被测物体接触,因而具有能测量柔软质地物体等优点,越来越受到人们的重视。

(1)激光三角法

激光三角法是目前最成熟,也是应用最广泛的一种主动式方法。激光扫描的原理如图2-4所示。由激光源发出的光束,经过一组可改变方向的反射镜组成的扫描装置变向后,投射到被测物体上。摄像机固定在某个视点上观察物体表面的漫射点,图中激光束的方向角仅摄像机与反射镜间的基线位置是已知的,β可由焦距f和成像点的位置确定。因此,根据光源、物体表面反射点及摄像机成像点之间的三角关系,可以计算出表面反射点的三维坐标。激光三角法的原理与立体视觉在本质上是一样的,不同之处是将立体视觉方法中的一个"眼睛"置换为光源,而且在物体空间中通过点、线或栅格形式的特定光源来标记特定的点,可以避免立体视觉中对应点匹配的问题。

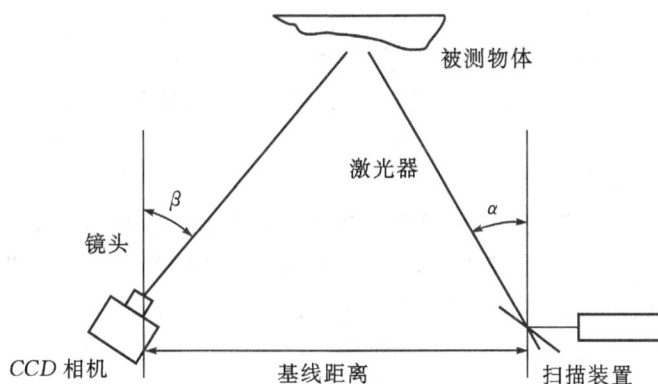

图2-4 激光三角法测量原理图

(2)结构光法

结构光三维扫描是采用集结构光技术、相位测量技术、计算机视觉技术于一体的复合三维非接触式测量技术。结构光扫描的原理采用的是照相式三维扫描技术,是一种结合相位和立体视觉技术,在物体表面投射光栅,用两架摄像机拍摄发生畸变的光栅图像,利用编码光和相移方法获得左右摄像机拍摄图像上每一点的相位。利用相位和外极线实现两幅图像上的点的匹配技术,计算点的三维空间坐标,以实现物体表面三维轮廓的测量。结构光测量原理如图2-5所示。

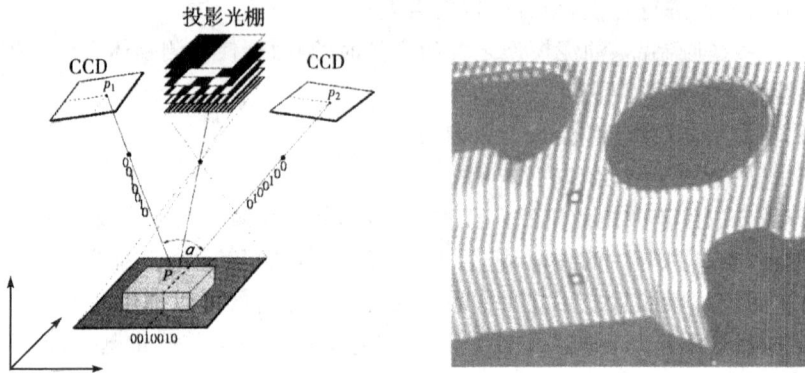

图 2-5　结构光测量原理

基于结构光法的扫地设备是目前测量速度和精度最高的扫描测量系统,特别是分区测量技术的进步,使光栅投影测量的范围不断扩大,成为目前逆向测量领域中使用最广泛和最成熟的测量系统。德国 GOM 公司 ATOS 测量系统是这种方法的典型代表。在国内,北京天远三维科技有限公司和清华大学合作、上海数造机电科技有限公司和上海交通大学合作、苏州西博三维科技有限公司与西安交通大学模具与先进成型研究所合作,已成功研制出具有国际先进水平、拥有自主知识产权的照相式三维扫描系统。

非接触式扫描的特点如下。

非接触式扫描的优点:

①不需要进行测头半径补偿;

②测量速度快,不需要逐点测量,测量面积大,数据较为完整;

③可以直接测量材质较软以及不适合直接接触测量的物体,如橡胶、纸制品、工艺品、文物等。

非接触式扫描的缺点:

①大多数非接触式光学测头都是靠被测物体表面对光的反射接收数据的,因此对被测物体表面的反光程度、颜色等有较高要求,被测物体表面的明暗程度会影响测量的精度;

②测量精度一般,特别是相对于接触式测头测量数据而言;

③对于一些细节位置,如边界、缝隙、曲率变化较大的曲面容易丢失数据;

④陡峭面不易测量,激光无法照射到的地方无法测量;

⑤易受环境光线及杂散光影响,故噪声较高,噪声信号的处理比较困难。

4. 非接触式的非光学扫描

除三坐标测量机外,目前采集断层数据在实物外形的测量中呈增长趋势。断层数据的采集方法分为非破坏性测量和破坏性测量两种。非破坏性测量主要有工业 CT 断层扫描法、核磁共振扫描法、超声波扫描法等,破坏性测量法主要有层去扫描法。

(1)工业 CT 断层扫描法

工业 CT 断层扫描法是对被测物体进行断层截面扫描。基于 X 射线的 CT 扫描以测量物体对 X 射线的衰减系数为基础,用数学方法经过计算机处理而重建断层图像。这种方法最早用于医学上,目前开始用于工业领域,形成工业 CT(ICT),特别用于中空物体的无损检测。这种方法是目前最先进的非接触测量方法,它可以测量物体表面、内部和隐藏结构特征。但是它的空间分辨率较低,获得数据需要较长的积分时间,重建图像计算量大,造价高。

目前工业 CT 已在航空、航天、军事工业、核能、石油、电子、机械、考古等领域广泛应用。我国从 20 世纪 80 年代初期也开始研究 CT 技术,清华大学、重庆大学、中国科学院高能物理研究所等单位已陆续研制出 γ 射线源工业 CT 装置,并进行了一些实际应用。

(2)核磁共振扫描法

核磁共振扫描法(MRI)的理论基础是核物理学的磁共振理论,是 20 世纪 70 年代末后发展的十种新式医疗诊断影像技术之一,和 X-CT 扫描一样,可以提供人体断层的影像。其基本原理是用磁场来标定人体某层面的空间位置,然后用射频脉冲序列照射,当被激发的核在动态过程中自动恢复到静态场的平衡时,把吸收的能量发射出来,然后利用线圈来检测这种信号。信号输入计算机,经过处理转换,在屏幕上显示图像。它能深入物体内部且不破坏物体,对生物没有损害,在医疗上具有广泛应用。但这种方法造价高,空间分辨率不及 CT,且目前对非生物材料不适用。核磁共振成像自 20 世纪 80 年代初临床应用以来,发展迅速,并且还在蓬勃发展中。

(3)超声波扫描法

超声波扫描法的原理是当超声波脉冲到达被测物体时,在被测物体的两种介质边界表面会发生回波反射,通过测量回波与零点脉冲的时间间隔,即可计算出各面到零点的距离。这种方法相对 CT 和 MRI 而言,设备简单,成本较低,但测量速度较慢,且测量精度不稳定。目前主要用于物体的无损检测和壁厚测量。

(4)层去扫描法

以上三种方法为非破坏性测量方法,其设备造价比较昂贵,近来发展起来的层去扫描法相对成本较低。该方法用于测量物体截面轮廓的几何尺寸,其工作过程为:将被测物体用专用树脂材料(填充石墨粉或颜料)完全封装,待树脂固化后,把它装夹到铣床上,进行微进刀量平面铣削,得到包含有被测物体与树脂材料的截面,然后由数控铣床控制工作台移动到 CCD 摄像机下,位置传感器向计算机发出信号,计算机收到信号后,触发图像采集系统驱动 CCD 摄像机对当前截面进行采样、量化,从而得到三维离散数字图像。由于封装材料与被测物体截面存在明显边界,利用滤波、边缘提取、纹理分析、二值化等数字图像处理技术进行边界轮廓提取,就能得到边界轮廓图像。通过物像坐标关系的标定,并对此轮廓图像进行边界跟踪,便可获得被测物体该截面上各轮廓点的坐标值。每次图像摄取与处理完成后,再次使用数控铣床把被测物铣去很薄一层(如 0.1mm),又得到一个新的横截面,并完成前述的操作过程,如此循环就可以得到物体上相邻很小距离的每一截面轮廓的位置坐标。层去法可对具有孔及内腔的物体进行测量,测量精度高,数据完整,不足之处是这种测量是破坏性的。美国 CGI 公司已生产出层去扫描测量机。在国内,海信技术中心工业设计所和西安交通大学合作,研制成功具有国际领先水平的层析式三维数字化测量机(CMS 系列)。

一般而言,非接触式非光学扫描具有如下优点:

①对被测量物没有形状限制;

②对被测量物没有材料限制。

但也存在如下缺点:

①测量精度较低,如工业 CT 扫描法和超声波扫描法测量精度为 1mm;

②测量速度较慢;

③测量成本高。

5.各种数据扫描方法的比较

实物样件表面的数据采集,是逆向工程实现的基础。从国内外的研究来看,研制高精度、多功能和快速的测量系统是目前数据扫描的研究重点。从应用情况来看,随着光学测量设备在精度与测量速度方面越来越具有优势,光学扫描仪测量得到了更为广泛的应用。常用测量方法的性能比较见表 2 - 1。

表 2 - 1 常用测量方法的性能比较

测量方法	测量精度	测量速度	测量成本	有无材料限制	有无形状限制
三坐标法	$0.6 \sim 30 \mu m$	慢	高	有	有
激光三角法	$\pm 5 \mu m$	一般	较高	无	有
结构光法	$\pm 1 \mu m \sim \pm 3 \mu m$	快	一般	无	有
工业 CT	1mm	较慢	高	无	无
超声波测量法	1mm	较慢	较低	无	无
层去扫描法	$25 \mu m$	较慢	高	无	无

从表 2 - 1 可以看出,各种数据扫描方法都有一定的局限性。对于逆向工程而言,数据扫描的方式应满足以下要求:

①扫描精度应满足实际的需要。

②扫描速度快,尽量减少测量在整个逆向过程中所占用的时间。

③数据扫描要完整,以减少数模重构时由于数据缺失带来的误差。

④数据扫描过程中不能破坏原型。

⑤降低数据扫描成本。

所以,应根据扫描件的实际情况,选择适合的测量方式,或者同时采用不同的测量方法进行互补,以得到精度高并且完整的扫描数据。例如,对自由曲面形状物体的数据扫描一般用非接触光学测量的方法,对规则形状物体的数据扫描一般用接触式测量。如果被测物体除不规则形状外,还有许多规则的细节特征,则用接触式和非接触式扫描的组合。如图 2 - 6 所示的零件,外形和型腔不规则,但具有许多凸台、孔的特征。如果仅用非接触式的光学测量方法,孔的边缘数据不够准确,会影响拟合后孔的位置,而这些孔是螺钉固定的配合孔,其位置很重要,所以用接触式测量方法来测定这些孔的相对位置关系更为合适。

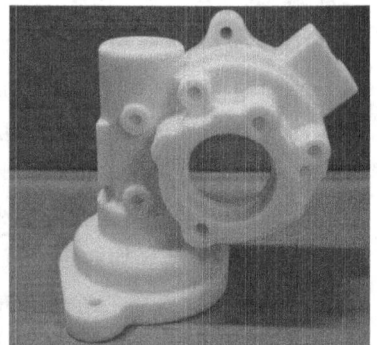

图 2 - 6 箱体

任务二 使用 HandySCAN300 手持式三维激光扫描仪测量烟灰缸外形

【任务要求】采用 HandySCAN300 手持式三维激光扫描仪完成烟灰缸外形的三维数据扫描,为项目三中烟灰缸外形数模重构提供较好的数据。

1. HandySCAN300 手持式三维激光扫描仪简介

HandySCAN300 手持式三维激光扫描仪是加拿大 Creaform 公司推出的新一款 HandySCAN3D 激光扫描仪。可满足产品开发和设计专业人员的需求,为其提供最有效、最可靠的方法来采集物体的 3D 测量数据,如图 2-7 所示。

HandySCAN 300 手持式三维扫描仪是 Creaform 的旗舰型计量级扫描仪,具有更高的便携性,可更快速地完成准确、高分辨的 3D 扫描,同时延续了使用超级简便的特点。它们的真正便携性改变了游戏规则,引领了 3D 市场的整体新趋势。

HandySCAN 3D 扫描仪可用于你产品生命周期的所有阶段,包括

概念:要求和规格,概念设计和概念原型创造;

图 2-7　HandySCAN300 扫描仪

设计:CAD 设计,成型技术,测试、仿真和分析;制造:工装设计,装配/生产,质量控制;

维修:文档,维护、修理和检修(MRO),更换/回收。

其设备参数如表 2-2 所示。

表 2-2　HandySCAN 300 设备参数

重量	0.85 千克
尺寸	122×77×294(毫米)
测量速率	205 000 次测量/秒
扫描区域	225 毫米×250 毫米
光源	3 束交叉激光线
激光类别	Ⅱ(人眼安全)
分辨率	0.100 毫米
精度	最高 0.040 毫米
体积精度 *	(0.020 毫米 + 0.100 毫米)/米
体积精度(结合 MaxSHOT 3D) *	(0.020 毫米 + 0.025 毫米)/米
基准距	300 毫米
景深	250 毫米
部件尺寸范围(建议)	0.1~4 米
软件	VXelements
输出格式	.dae、.fbx、.ma、.obj、.ply、.stl、.txt、.wrl、.x3d、.x3dz、.zpr
兼容软件	3D Systems (Geomagic® Solutions)、InnovMetric Software (PolyWorks)、Dassault Systèmes(CATIA V5 和 SolidWorks)、PTC (Pro/ENGINEER)、Siemens (NX 和 Solid Edge)、Autodesk(Inventor、Alias、3ds Max、Maya、Softimage)。

连接标准	1 X USB 3.0
操作温度范围	0~40℃
操作湿度范围（非冷凝）	10%~90%

2. 扫描前处理

采用非接触式光学扫描仪扫描，物体表面明暗程度会影响扫描数据的质量，另外要获得物体表面完整的数据，需要多方位数据扫描。所以扫描前处理主要有表面处理、贴标记点或标识点。

（1）表面处理

被测物体表面的材质、色彩及反光透光等可能对测量结果有一定的影响，而被测物体表面的灰尘、切屑等更会带来测量数据的噪声，造成点云数据不佳。所以首先要对扫描件清洗，对黑色锈蚀表面、透明表面、反光面做表面处理。物体最适合进行三维光学扫描的理想表面状况是亚光白色，因此通常做表面处理的方法是在物体表面喷一薄层白色物质。根据被测量物体的要求不同，选用的喷涂物也不同。对于一些不需要清除喷涂物的被测物体，一般可以选择白色的亚光漆、白色显像剂等；而对于一些需要清除喷涂物的被测物体，只能使用白色显像剂，以便测量完成后容易去除，还物体以本来面目。

物体表面喷涂时应注意如下几点：

①不要喷得太厚，只要均匀的薄薄一层就行，否则会带来表面处理误差。

②贵重物体最好先试喷一小块，以确认不会对表面造成破坏。

③不可对人体进行喷涂。皮肤一般可直接扫描，如果确实需要，那么可以敷适量化妆粉底。

（2）贴标记点或标识点

对于一些大型物体（比如汽车覆盖件），或者需要进行多幅测量后再拼接时，则要根据视角在物体的表面贴上一些标记点。标记点用于协助坐标转换，是多视觉注册拼合的特征点。标记点可以是扫描物体本身的特征点，也可以用笔画在纸上的标记，或用橡皮泥捏成的标记点。如果自动拼合，标记点是一个个黑白的专用标记点，如图 2-8 所示。

3. 扫描规划

为了精确而又高效地扫描数据，在扫描前必须进行扫描规划。精确扫描是指所扫描的数据足够反映样件的特性，对曲率变化大的地方数据尽量采集完整；高效扫描是指在能够正确反映物体特性的情况下，数据扫描的次数少、数据量尽量少、扫描时间尽量短。

图 2-8 扫描专用标记点

4. 使用 HandySCAN300 手持式扫描仪对烟灰缸外形数据扫描

步骤 1 扫描前处理

烟灰缸表面没有足够明显的细节特征，数据扫描拼合时需要贴合标记点。扫描前处理后的烟灰缸如图 2-9 所示。

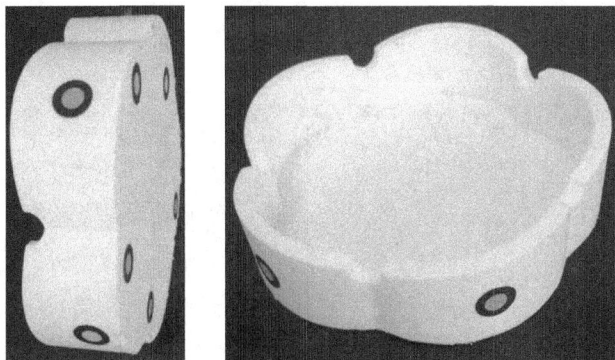

图 2-9 扫描前烟灰缸贴标记点

步骤 2 扫描规划

扫描烟灰缸时,先扫描上部,再翻过来扫描底部。在扫描上部和脚部时,要把侧面的特征也一起扫描,便于数据的拼合。

步骤 3 安装 VXelements 软件

通过 Creaform 提供的 USB 密钥或 Creaform 网站的"客户中心"安装 VXelements 输入 CD 密钥打开产品管理器附加许可证和配置文件即可。

步骤 4 系统连接

(1)将电源插入插座;

(2)将电源连接到 USB 电缆;

(3)将 USB 电缆连接到计算机;

(4)将 USB 电缆的其他末端连接到扫描仪;

(5)启动 VXelements。

系统连接步骤如图 2-10 所示。

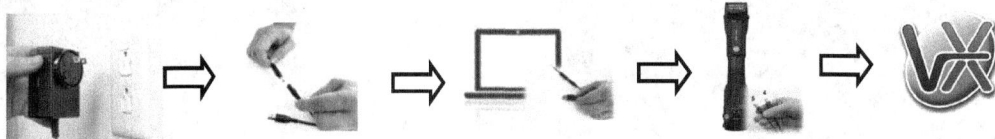

图 2-10 系统连接顺序

步骤 5 扫描烟灰缸

(1)扫描仪校准

单击 VXelements 软件操作画面上的扫描仪校准图标,进行扫描仪校准如图 2-11 所示。

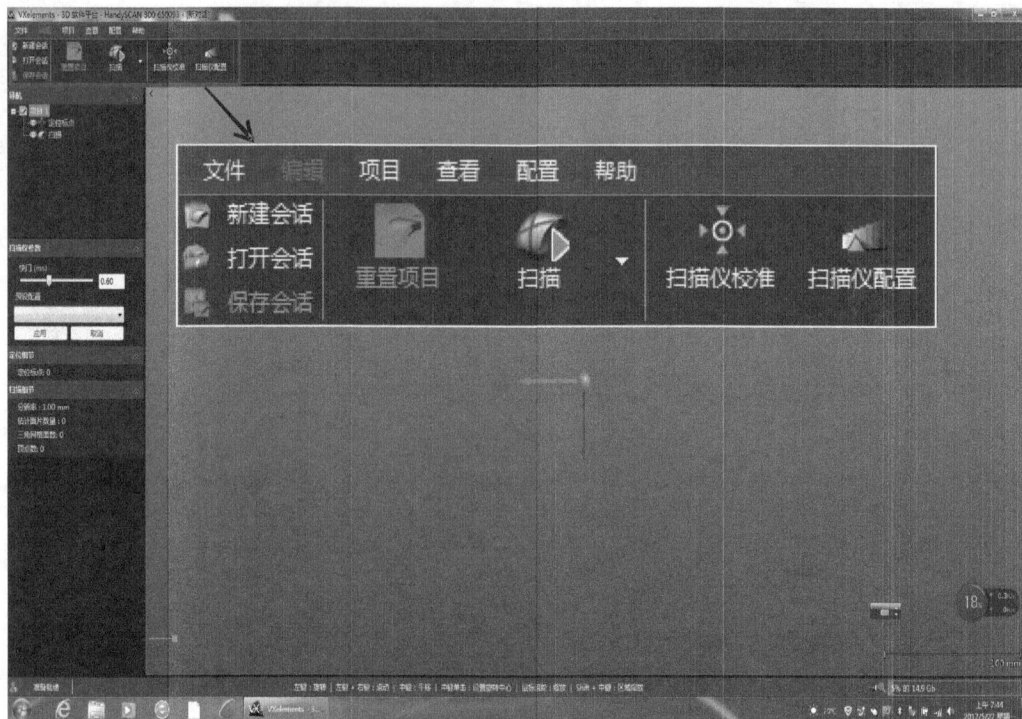

图 2-11 VXelements 软件操作对话框

扫描仪校准好后,点击 OK,校准结束,如图 2-12 所示。

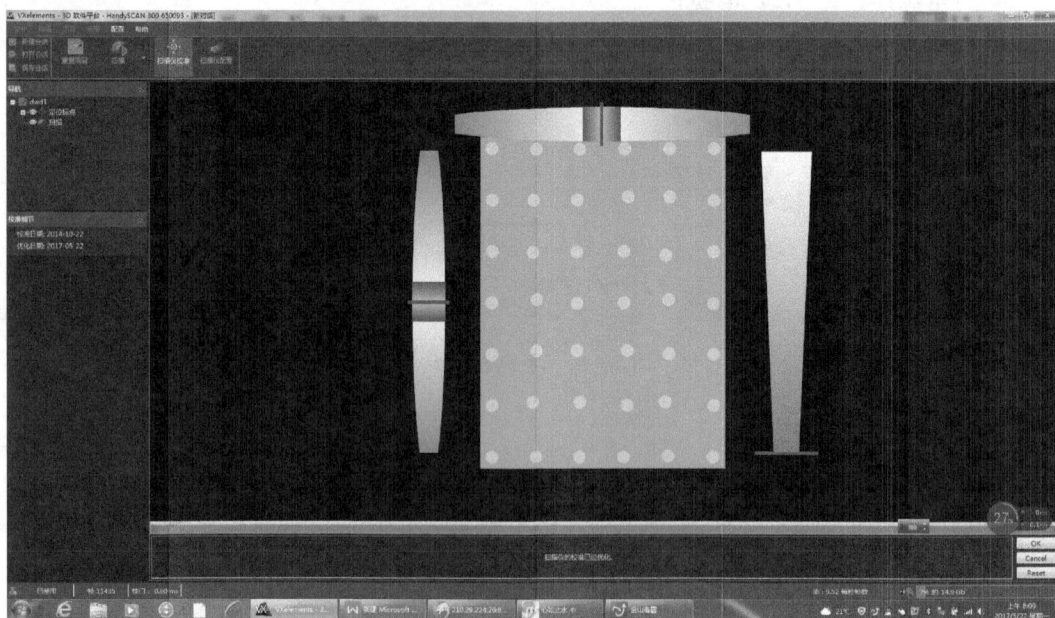

图 2-12 扫描仪校准好对话框

(2)扫描定位标点

在放置被扫描物体的平台上贴定位标点,选中导航菜单中定位标点,点击主菜单栏扫描按钮,扫描定位标点,标点呈红色,说明是有效标点,边扫描边查看定位细节中定位标点数目,此数目尽量接近所贴的定位标点数量。扫描结束后进行保存,以便本次扫描物体多次调用,如图2-13所示。

图2-13 扫描定位标点对话框

(3)扫描烟灰缸

由于在扫描烟灰缸时扫描上部分时,底面扫不到,所以分两部分扫描,先扫上部分,之后再扫描底面。如图2-14所示,选中扫描,点击主菜单栏扫描 按钮,选择合适的扫描参数,分别扫描烟灰缸上部分和底面。

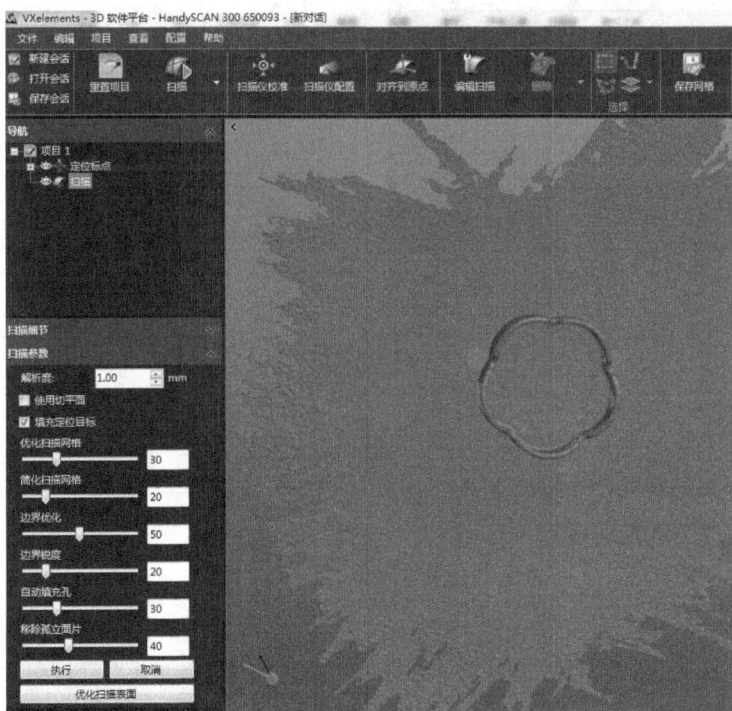

图2-14 扫描上部分烟灰缸

23

注意:扫描时,屏幕左侧会显示测距仪,指示扫描仪和部件之间的距离,如图 2-15 所示。

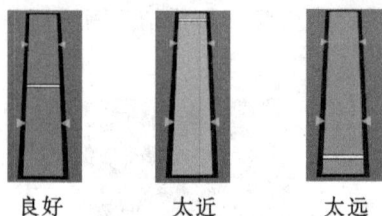

良好　　　　太近　　　　太远

图 2-15　扫描距离远近屏幕显示情况

步骤 6　保存扫描数据

烟灰缸上部分和底面扫描后都要进行保存一个单独的文件。点击主菜单栏保存网格 按钮,或"文件"→"保存网格",如图 2-16 所示。选择保存 Binary STL(* . stl)文件格式,分别输入文件名 yhgsb 和 yhgdm,保存到自己想要确定的位置,点击确定按钮,完成扫描数据保存,如图 2-17 所示。

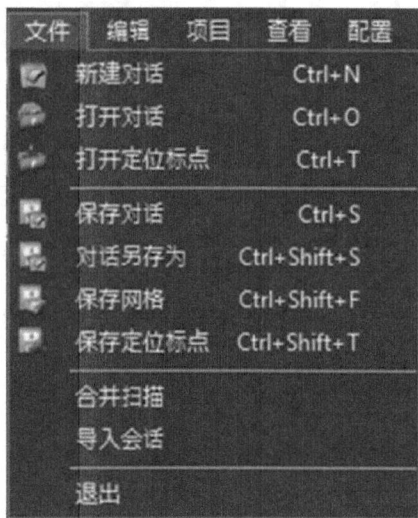

图 2-16　网格保存对话框

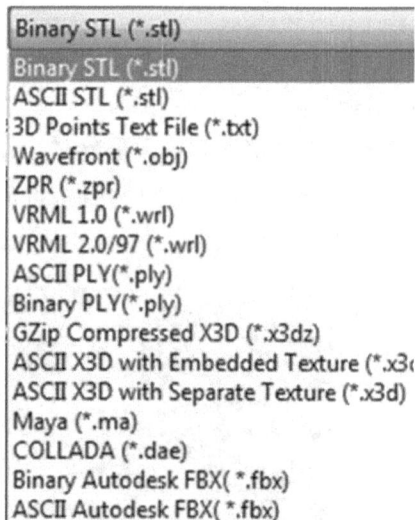

图 2-17　保存 LTL 格式对话框

思考题

2-1　数据采集的方法有哪些？各种方法的优缺点是什么？

2-2　物体扫描前处理步骤有哪些？

2-3　简述物体扫描步骤。

项目三 数据处理与数模重构

教学导航

项目名称	项目三 数据处理与数模重构	
教学目标	1. 了解 Geomagic Qualify12 软件工作流程、主要功能、基本操作； 2. 掌握点阶段技术命令； 3. 掌握多边形阶段技术命令； 4. 掌握数据注册技术命令。	
教学重点	1. 点阶段技术命令； 2. 多边形阶段技术命令； 3. 数据注册技术命令。	
工作任务名称	主要教学内容	
	知识点	技能点
任务一 Geomagic Qualify12 软件认知	Geomagic Qualify12 软件工作流程、主要功能、基本操作。	知道 Geomagic Qualify 12 软件各命名功能
任务二 烟灰缸的数据处理与数模重构	点阶段技术命令；多边形阶段技术命令。	能够进行烟灰缸的数据处理与重构
教学资源	教材、视频、课件、设备、现场、课程网站等。	
教学（活动）组织	教师讲解 Geomagic Qualify 12 软件各命名功能，学生听课； 学生练习各种命令，教师指导； 教师讲授烟灰缸的数据处理与数模重构，学生听课； 学生进行烟灰缸的数据处理与数模重构，教师指导； 教师总结。	
教学方法	理实一体教学、案例教学等。	
考核方法	根据学生对烟灰缸的数据处理与数模重构情况进行现场评价。	

任务一 Geomagic Qualify 12 软件认知

1. Geomagic Qualify 12 软件的工作流程

随着逆向工程及其相关技术理论研究的深入，其成果的商业化应用也逐渐受到重视，而逆向工程技术应用的关键是开发专用的逆向工程软件及结合产品设计的结构设计软件。

由美国 Raindrop（雨滴）公司出品的逆向工程软件 Geomagic Qualify12 可轻易地从扫描所得点云数据创建完美的多边形模型和网格，并可自动转换为 NURBS 曲面。该软件是除

Im—ageware 以外应用最为广泛的逆向工程软件,是目前市面上进行点云处理及三维曲面构建功能最强大的软件。据统计,采用该软件从点云处理到三维数模重构的时间通常只有同类产品的三分之一。

传统的造型方法采用点→线→面的方式,需要投入大量的建模时间、参与建模的人员要有丰富的建模经验。而采用 Geomagic Qualify12 软件进行逆向设计的原理是用许多细小的空间三角片来逼近还原 CAD 实体模型,建模时采用点云→三角网格面→曲面的方式,简单、直观,适用于快速计算和实时显示的领域。但该过程计算量大,计算机配置要求较高。

使用 Geomagic Qualify12 软件逆向构建模型时,遵循点阶段→多边形阶段→曲面阶段(精确曲面、参数曲面)的工作流程,如图 3-1 所示。

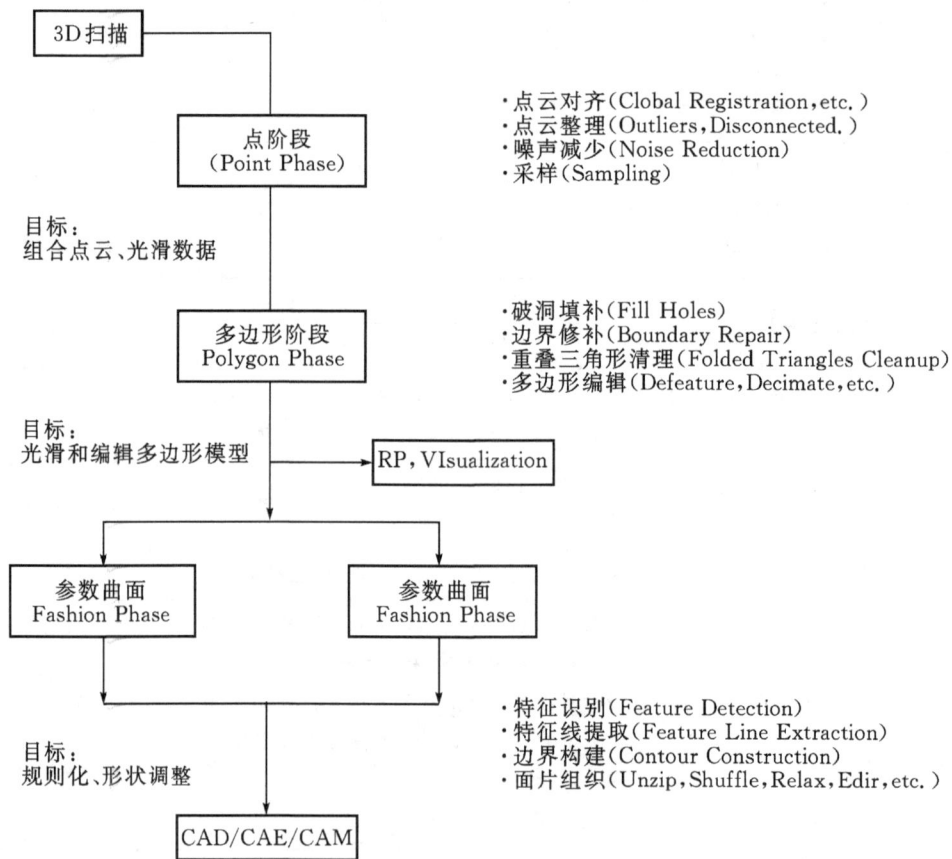

图 3-1 Geomagic Qualify12 软件工作流程

2. Geomagic Qualify12 软件的界面功能

(1)启动 Geomagic Qualify 12

在桌面上,双击 图标启动 Geomagic Qualify 12 应用程序。也可选择"开始"→"程序→Geomagic Qualify 12 命令,启动 Geomagic Qualify 12 软件。

(2)Geomagic Qualify 12 界面

Geomagic Qualify 12 启动后,界面如图 3-2 所示。

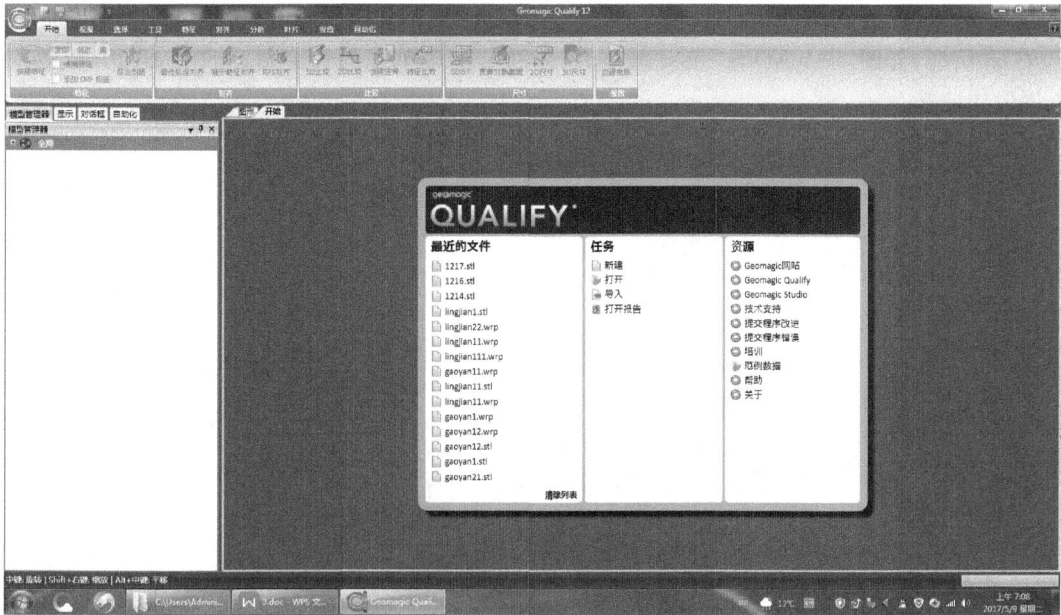

图 3 - 2　Geomagic Qualify 12 界面

① Geomagic 按钮。单击 Geomaglc 按钮，展开如图 3 - 3 所示菜单。主要功能有打开、导入文件，保存处理后的数据等。

图 3 - 3　Geomagic 按钮菜单

单击图 3 - 3 中右下角的"选项"按钮，弹出"选项"对话框，如图 3 - 4 所示。可对默认打开保存目录、语言、各项命令和显示进行设置。单击图 3-4 中右下角的"自定义"按钮，弹出"自定义"对话框，如图 3-5 所示。可对选项卡、组和右键菜单中的命令进行设置，还可对常用命令设置快捷键。

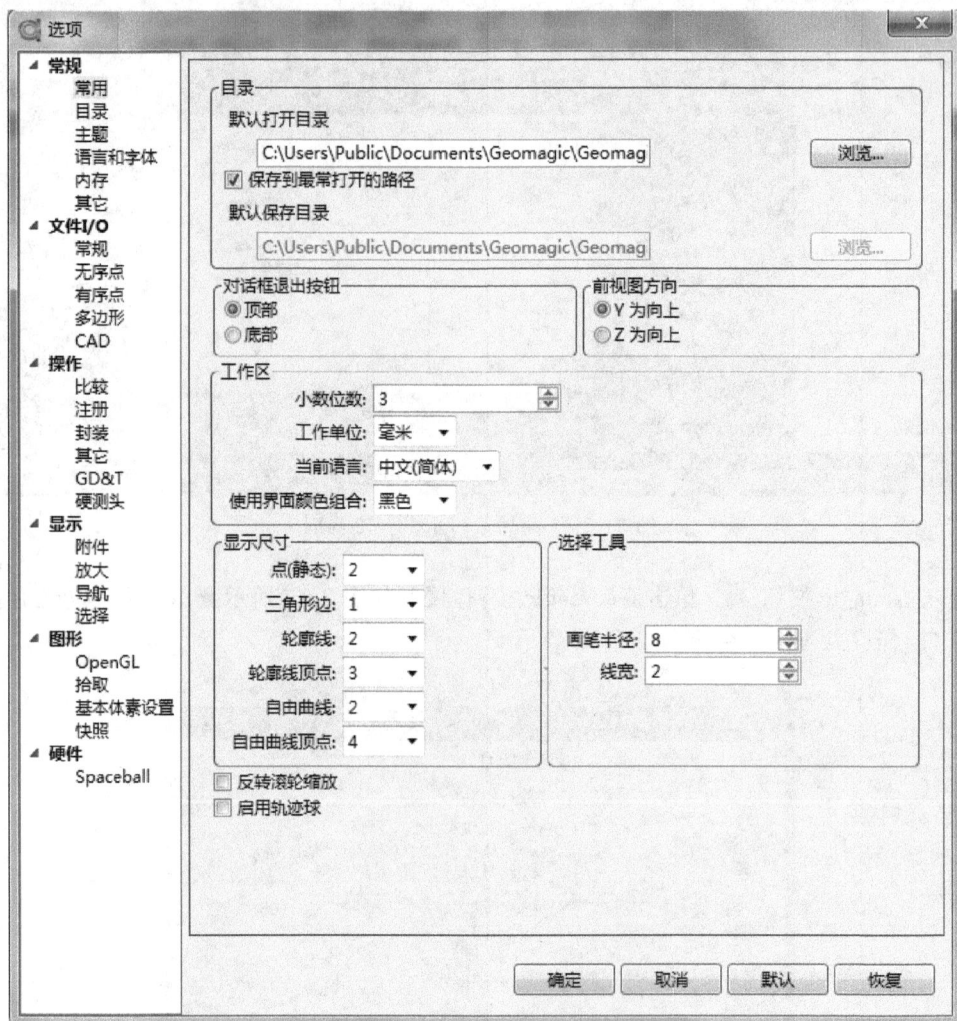

图 3-4 "选项"对话框

图 3-5 "自定义"对话框

②快速访问工具栏。快速访问工具栏位于 Geomagic Qualify 12 界面的右上角,包含四个默认命令:打开,保存,撤销,重复。

③Ribbon 界面。Ribbon 用户界面位于 Geomagic Qualify 12 界面的顶部,为应用程序提供功能入口,且各个功能命令被分开在选项卡里。当在 Geomagic Qualify 12 中激活一个数据类型时,Ribbon 界面中将会出现一个相应的选项卡并被激活。

图 3-6 Ribbon 界面

④选项卡。选项卡中放置着 Geomagic Qualify 12 中的各种命令,且各个命令又被归类为工具栏的各个"组"中,如图 3-6 所示。

⑤面板窗口。面板窗口在 Geomagic Qualify 12 界面的左边,如图 3-2 所示。"模型管理器"选项卡显示 Qualify 中打开、导入或创建的模型对象的相关信息。单击"显示"、"对话框"或"自动化"按钮,面板将改变为相应的面板界面。如图 3-7 所示,在面板窗口的上部单击相应的选项卡可以快速切换显示面板。

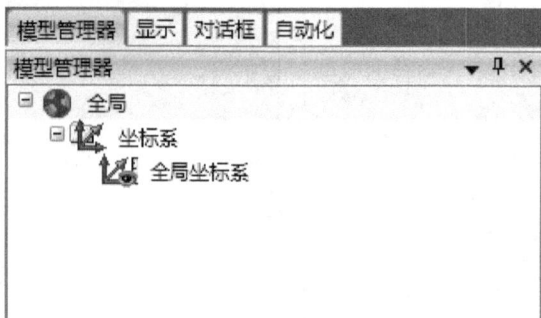

图 3-7 面板窗口

在面板窗口的右上角有三个按钮。单击图 3-7 中 ✖ 按钮将使当前所显示的面板关闭。建议不要关闭任何默认的面板,如果不小心关闭了可单击"视图"→"面板"→"面板显示"命令,然后在菜单中选择所关闭的面板。

单击图 3-7 中的 📌 按钮将使所有面板自动隐藏到软件界面的左边,所有面板的名称显示在软件界面左边的边界上,光标停留在这些名称上时,将使相应的"面板"临时显示出来。当"面板"显示出来时,再次单击 📌 按钮将使"窗口面板"恢复到默认状态。

单击图 3-7 面板窗口右上角向下的箭头按钮 ▼,将弹出下拉菜单如图 3-8 所示,显示面板的状态,改变选中的选项时面板的状态也随之改变。菜单的选项包括:

"浮动"——"面板"为浮动窗口的形式,可移动到桌面的任何位置。

"停靠"——默认状态,"面板"被固定在程序窗口。

"选项卡"——把活动"面板"移到选项卡上面的指定位置。

"自动隐藏"——所有"面板"自动隐藏到软件界面的左边,所有"面板"的名称显示在软件界面左边的边界上,光标停留在这些名称上时,将使相应的面板临时显示出来。

"隐藏"——隐藏(关闭)活动面板。

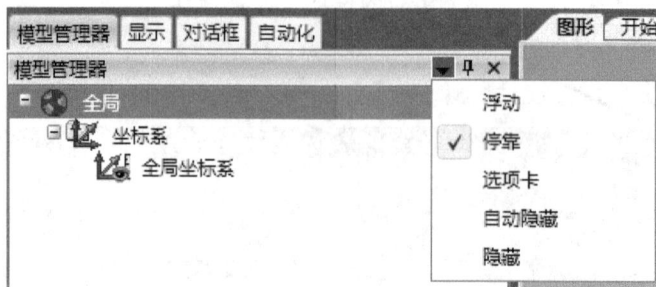

图 3-8 面板状态

◆模型管理器面板

"模型管理器"面板里包括所有创建或者导入的对象,右键菜单显示的命令与所选模型树里对象的数据类型有关。对象数据前面带"＋"号的表示在这对象里面还有可以展开的嵌套对象,在模型树里的项目都可以重命名、删除、保存或新建组。

◆显示面板

在"显示"面板中可以设置图形区域的显示,"显示"面板中包含有四个"伸缩组":常规、几何图形显示、光源、覆盖。当单击"伸缩组"的标题栏时"伸缩组"能够展开或者收缩。

a.常规伸缩组

"常规"伸缩组包含的主要设置项有:全局坐标系、坐标轴指示器、边界框、透明度滑块控制、视图剪切滑块控制。单击选项框可以打开/关闭对应的设置项。

"透明度"滑块控制:选中"透明"复选框,可拖动滑块来改变激活对象的透明程度。透明度滑块控制在数据类型为多边形或 CAD 模型时有效,点云数据是不可更改透明度的。

"视图剪切"滑块控制:选中"显示剪切平面"复选框,拖动滑块来改变视图"裁剪平面"的位置,部分对象被裁剪(从视图中隐藏),利用此功能可观察封闭对象的内部结构。

"选择蒙版":适中"选择蒙版"复选框,在图形区域出现一个白色平面即选择蒙版,"选择蒙版"使得蒙版后面的模型不会被选中。"深度":用来控制选择蒙版、在图形区域的位置。单击"校准"按钮将弹出一个窗口,在对话框可设置蒙版的位置。

"点显示尺寸"和"边缘显示尺寸":分别用来调整点云中点的显示大小和多边形对象中网格大小。

"静态显示百分比"和"动态显示百分比":控制当对象静止、旋转或者移动时候显示的数据总量。在运行大数据文件的时候非常有用,这个设置将加快显示渲染速度。

b.几何图形显示伸缩组

在"几何图形显示"伸缩组中包含有多个选框,所选中/取消的选项将会在图形区域中显示/隐藏,可试着选中/取消其中的选框观察图形区域的变化,观察完之后把选框恢复到默认状态。建议不要改变默认选项。

c.光源伸缩组

在"光源伸缩组"中可以将光源数量设置为1～4个,还可以用滑块来改变"环境"、"亮度"、"反射率"的设置。试着通过这些设置,将显示状态调整到最适合自己的状态。也可单击"重置"按钮调回到默认设置状态。

d.覆盖伸缩组

"覆盖"伸缩组可控制图形区域左下角的可见信息,选中选项前的选框,将使相应的信息在图形区域中显示出来。

"模型信息"显示当前活动对象的所有元素(点、多边形等)的总数和被选中的元素的数量。

"边界框尺寸"显示活动对象边界框的大小。

建议保持打开"模型信息",这个信息在编辑对象时非常有用。

◆对话框面板

"对话框"面板在命令激活时自动显示出来,如果没有命令被激活,这个面板将是空的。

当"对话框"面板被命令激活后,又切换到了另外一个面板,这个时候就不能使用该面板中的其他功能命令,必须回到"对话框"面板结束当前命令再继续。

◆自动化面板

使用 Geomagic Qualify 12 进行检测工件时，软件将记录使用过的功能和命令，从基准的创建和对齐，到横截面、3D 比较和生成报告。用户能够通过自动化面板看到已经执行了哪些步骤。在检测结束时，保存文件为 Geomagic(.wrp) 格式，这样不仅保存了检测的结果，而且保存了所有的自动化信息。如果用户希望再次检测同样的零件，使用新样件的扫描数据，只要载入新的数据并单击自动化功能按钮，同样的检测标准将应用到新的数据中。当用户需要检测同一产品的多个样件时，通过记录第一个零件的检测过程，其他样件的扫描数据放在一个文件夹下，利用自动化功能下的批处理命令则可将文件夹里的数据按照第一个零件的检测标准自动完成检测。这将大大减少检测的时间，加速了产品上市时间，使企业在市场竞争中处于优势地位。

(6)图形区域

在"图形区域"上面的"开始"引导卡可提供快速功能入口。主要功能有：

①建立一个新文件；

②打开和输入外部数据文件；

③连接到因特网上的 Geomagic 资源。

当在 Geomagic Qualify 12 中打开一个文件时，"图形区域"将自动切换到"图形"引导卡，如图 3-9 所示。

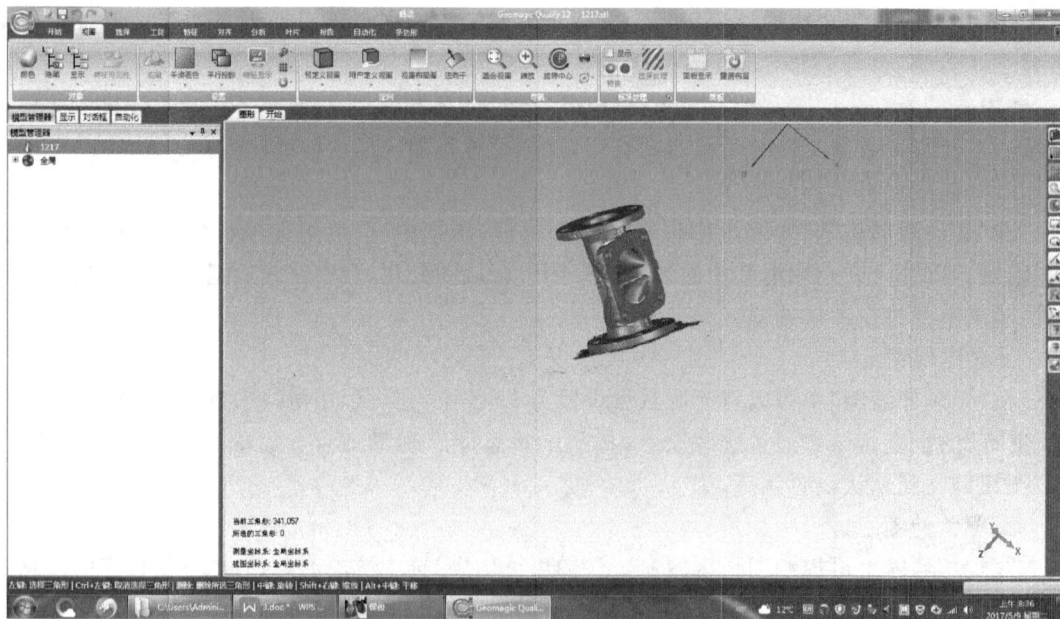

图 3-9 "图形"引导卡

(7)右侧工具栏

右侧工具栏包含有常用的导航快捷方式和选择命令，位于"图形区域"右侧，如图 3-9 所示。

右侧工具栏中各按钮功能如下。

① ▣ 预定义视图。单击预定义视图图标，弹出视图选项 ▣▣▣▣▣▣▣，依次为"等测

视图"、"后视图"、"前视图"、"右视图"、"左视图"、"仰视图"和"俯视图"。"预定义视图"与"全局坐标系"是正交关系。

② ▧着色。单击"着色"图标,弹出着色选项 i 域 l;iii_l,依次为"平滑着色"和"平面着色"。"平滑着色"通过实际对象漫反射来使得对象显示更加平滑;"平面着色"则将更真实地反映对象本身形态。

③ ▦切换所有特征。用来切换所有特征在"图像区域"显示与否。

④ ▦适合视图。使模型在"图形区域"适当显示。

⑤ ▦切换动态旋转中心。把旋转中心设置在鼠标单击的地方。

⑥ ▦矩形选择工具。使用矩形在对象上进行选择。

⑦ ▦椭圆选择工具。使用椭圆在对象上进行选择。

⑧ ▦"直线选择工具。使用一段有宽度的直线在对象上进行选择,此命令不能用于点云数据的选择。

⑨ ▦画笔选择工具。使用画笔在对象上进行选择。

⑩ ▦套索选择工具。使用套索在对象上进行选择。

⑪ ▦自定义区域选择工具。使用多段线封闭的一个区域在对象进行选择。

⑫ ▦选择可见。选择视图中可见的对象。

⑬ ▦选择贯通。能选择到所选范围的所有对象,包括被遮住的不可见对象。

⑭ ▦选择背面。可在对象的背面进行选择。

3. 鼠标功能

在 Geomagic Qualify 12 中需要使用三键鼠标,这样有利于提高操作效率。各鼠标键的操作作用见表 3-1。

表 3-1 鼠标功能

左键	左键	单击选择界面中的功能键和激活对象的元素 单击并拖拉激活对象的选中区域
	Ctrl+左键	取消单击并拖拉激活对象的选中区域 执行与左键相反的操作
	Alt+左键	调整亮度
	Shift+左键	设置为激活模型(当同时处理几个模型时)

	滚轮	缩放——把光标放在要缩放的位置上,滚动滚轮即可放大或缩小视图 将光标放在数字栏中,滚动滚轮可增大或减小数值
中键	中键	单击并拖动对象在视图中旋转(移动相机) 单击并拖动对象在坐标系中转动(移动模型)
	Ctrl＋中键	设置多个激活对象(必须是同一类型模型)
	Alt＋中键	移动模型
	Shift＋ Ctrl＋中键	平移模型位置
右键	右键	单击获得右键菜单
	Ctrl＋右键	旋转
	Alt＋右键	平移
	Shift＋右键	放大缩小

任务二　烟灰缸的数据处理与数模重构

Geomagic Qualify 12 软件支持各种格式的多边形文件,最通用的一种格式为 STL。多边形对象被认为是点云封装成三角形网格面来构成一个多边形网格。在 Geomagic Qualify 12 软件中,三角形数据激活后默认正面显示蓝色,背面为黄色。在显示面板的几何图形显示组里选择边,图形窗口就会显示多边形对象的网格结构。点云封装成多边形有时会出现颜色相反,默认外侧显示黄色,背面为蓝色,这时因为点云数据的法线方向出现反转,可以使用"多边形"→"修补"→"修复工具"→"修复法线"命令来翻转法线。多边形通过"多边形"→"转换"→"转换点"命令转换成的点云,同时会丢失多边形对象,所以在转换点云之前,要把多边形对象保存备份。

1. 烟灰缸的点对象处理

实物模型经过设备采集的数据是大量的离散点,通常我们将这些大规模的离散测量点称为点云,它能描述原型产品的基本形状特征和结构细节。然而由于扫描方式、扫描系统在测量过程中都不可避免地存在误差,使得获得扫描的数据不是很理想,存在如下一些不足。

(1)体外孤点:扫描被测对象时,可能会扫描到一些背景物体(如桌面、墙、固定装置等),使得对象周围可能存在体外孤点,这些点无须保留,必须删除。

(2)噪音点:扫描过程中,由于扫描设备轻微震动、扫描校准不精确或背景及灯光的影响等原因,有可能会产生一定量的噪音点,这些噪音点会导致检测工件时产生较大误差,应该在重构前做清除处理。

(3)点云数据大:一般情况下,由于初始点云数量很大,可达到上百万以上,会使得计算速度较慢,需要对点云进行采样处理,只需保留必要的点云数据。

Geomagic Qualify12 点阶段主要是对初始扫描数据进行一系列的预处理,包括去除非连接项、去除体外孤点、采样等处理,从而得到一个完整而理想的点云数据,以得到合用的点云数据,或封装成可用的多边形数据模型。其主要思路是:首先导入点云数据进行着色处理来更好地显示点云;然后进行去除非连接项、去除体外孤点、采样、封装等技术操作,得到高质量的点云或多边形对象。

（1）点对象处理的主要操作命令

点数据处理的主要操作命令在"点"菜单下，有"采样""修补""联合""封装"四个工具栏，如图3－10所示。

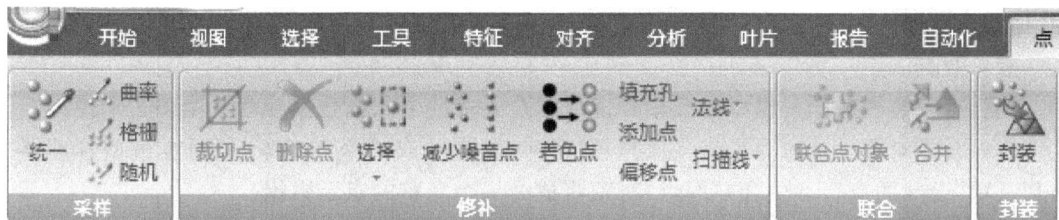

图3－10　"点"菜单下工具栏命令

"采样"工具栏采样是在不移动任何点的情况下减少点的密度，它分为"统一"采样、"曲率"采样、"格栅"采样和"随机"采样四种采样方法。

①"统一"采样　"统一"采样是按照指定距离的方式对点云数据进行采样，是最常用的采样方法，同时可以指定模型曲率的保持程度。

②"曲率"采样　"曲率"采样是按照设定的百分比减少点云数据，同时可以保持点云曲率明显部分的形状。

③"格栅"采样　"格栅"采样用于对导入的点云按照点与点的距离进行等距采样，是有效减小点云数量的方法（适合于无序的点云数据）。

④"随机"采样　"随机"采样是用随机的方法对点云进行采样，适用于模型特征比较简单、比较规则的无序的点云数据。

"修补"工具栏对点云数据按照一定的方式进行数据精减。

①裁切点　该命令用于从对象中删除已选点之外的所有点。

②删除点　该命令用于从对象中删除所有选择点。

③选择非连接项　该命令用于删除那些偏离主点云的点集，或孤岛。

④选择体外孤点　该命令可以进行体外孤点的选择并去除这些体外孤点。体外孤点是指模型中偏离主点云距离比较大的点云数据，通常是由于扫描过程中不可避免地扫描到背景物体，如桌面、墙、支撑结构等物体，必须删除。

⑤减少噪音点　该命令用于减少在扫描过程中产生的一些噪音点数据，所谓的噪音点是指模型表面粗糙的、非均匀的外表点云，扫描过程中由于扫描仪器轻微的抖动等原因产生。减噪处理可以使数据平滑，降低模型这些噪音点的偏差值，在后来封装的时候能够使点云数据统一排布，更好地表现真实的物体形状。

⑥着色点　该命令用于点云着色，是为了更加清晰、方便地观察点云的形状。

⑦填充孔　该命令用于填充无序点对象表面上的孔。

⑧添加点　该命令用于在无序点对象上的平面创建点。

⑨偏移点　该命令用于按一定的距离沿着法向方向偏移无序点。

⑩法线　该命令分为法线修补和法线删除两个操作命令，它是处理无序的点对象，使其产生所需的法线。法线修补该命令对无序的点对象进行处理，使其产生法线、翻转法

线、移除不必要的法线。法线删除该命令可以删除裸露在点云之外但没有用处的法线。

⑪扫描线　该命令分为扫描线插补和扫描线顺序两个操作命令,它是用于修复某些扫描设备扫出的扫描线。扫描线插补该命令用于对点云的优化处理,以便于生成高质量的多边形。适用于无序的点云数据。扫描线顺序该命令是使无序排列的点数据转化为有序排列的点数据,适用于无序的

点云数据。

"联合"工具栏对同一模型的多个扫描数据合并成一个扫描数据或者一个多边形模型。

①联合点对象　该命令是将多次扫描数据对象合并成一个点对象,同时在模型管理器中出现一项"合并的点"。此"合并的点"对象将成为一个完整的点云数据。

②合并　该命令用于合并两个或两个以上的点云数据为一个整体,并且自动执行点云减噪、统一采样、封装,生成可视化的多边形模型,多用于注册完毕之后的多块点云之间的合并。

"封装"工具栏。主要是把点云数据转换为多边形模型。

封装。该命令将围绕点云进行封装计算,使点云数据转换为多边形模型。

使用三维扫描仪采集的烟灰缸点云数据,一般是大量冗余数据且存在噪音点,通过去除非连接项、去除体外孤点将扫描仪采集到的不必要的点清理掉,采用统一采样降低点云的密度,清理干净的点云通过封装操作得到高质量的烟灰缸多边形对象。

本实例需要运用的主要命令:

(1)"点"→"修补"→"着色点";

(2)"点"→"修补"→"选择"→选择"非连接项";

(3)"点"→"修补"→"选择"→选择"体外孤点";

(4)"点"→"统一采样";

(5)"点"→"封装"。

步骤 1　打开文件

启动 Geomagic Qualify12 软件,单击工具栏上的"打开"图标按钮 ,系统弹出"打开文件"对话框,选中 yhg. stl 文件,然后单击"打开"按钮,在图形区域右击,在右键菜单中选择"适合视图"命令,出现如图 3-11 所示结果。同时在图形区域右击,在右键菜单中选择"用户定义视图"命令,在弹出的"用户定义视图"对话框中单击"保存"按钮,这样就可以保存模型的视图方向。生成检测报告时会默认打印该视图方向的模型。

图 3-11　打开扫描数据烟灰缸文件

步骤2：着色

将点云着色为了更加清晰、方便地观察点云的形状，我们将点云进行着色。选择菜单栏中"点"→"修补"→"着色点"命令，着色后的视图如图3-12所示。

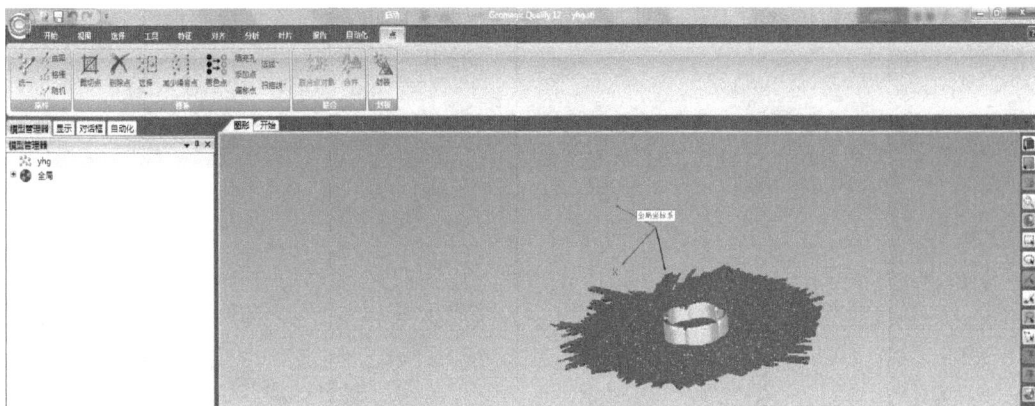

图3-12 点云着色

步骤3：选择非连接项

选择工具栏中"点""修补"→"选择"→"选择非连接项"命令，在管理器面板中弹如图3-13所示的"选择非连接项"对话框。在"分隔"下拉列表框中选择"低"分隔方式，这样系统会选择在拐角处离主点云很近但不属于它们一部分的点。"尺寸"按默认值5.0，单击上方的"确定"按钮。点云中的非连接项被选中，并呈现红色。

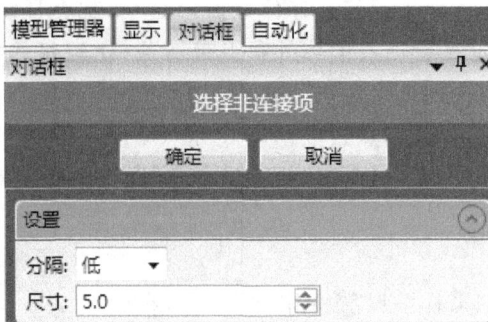

图3-13 选择非连接项

"选择非连接项"对话框中的选项说明：

分隔：控制孤岛点云与主点云之间的距离，它分为低、中间、高三个参数，设置为"低"表示以最小的空间距离选择更多的孤岛点云，而设置为"中间"和"高"将随着空间距离的增加选择更少的点云。通常选择为"低"选项。

尺寸：该值为控制所选点云与整个点云的百分比。例如设置为5.0即表示所要选的点云数量是点云总量的5%或更少，并分离这些点束。

步骤4：删除非连接点云

选择工具栏中"点"→"修补"→"删除点"命令或者按键盘上的Delete键，如图3-14所示。

步骤5：去除体外孤点

选择工具栏中"点"→"修补"→"选择"→"选择体外孤点"命令，在管理器面板中弹出如图

3-14 所示的"选择体外孤点"对话框,此时整个点云被选中,呈现红色,如图 3-15 所示。设置"敏感度"的值为 85.0。单击"确定"按钮,退出对话框,完成选中体外孤点。选择工具栏中"点"→"修补"→"删除点"命令,将体外孤点删掉。同样使用"敏感度"85.0,再次进行"选择体外孤点"操作,注意到仍然有少数体外孤点被选中。按 Delete 键删除被选中的体外孤点。

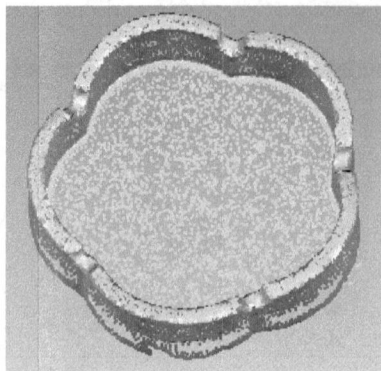

图 3-14　删除非连接点云

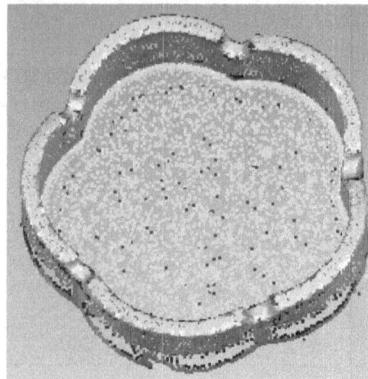

图 3-15　体外孤点

对话框中的选项说明。

敏感度:它是探测体外孤点时的敏感程度,取值越大,选择的体外孤点越多。

提示:

(1)"选择体外孤点"和"删除点"命令会经常按顺序使用,可以把它们做成一个宏命令。

(2)多次使用同样的敏感性来运行选择体外孤点命令,都会计算邻近数据,并且越来越少的体外孤点被选中。没有必要把所有的体外孤点都清除,比较好的方法是多运行去除体外孤点命令来获得较好的点云数据。

(3)在使用选择工具时,如选错点云数据,可以按 Ctrl+鼠标左键取消选择。

(4)在 GeoInagic Qualify 12 中,由于"减少噪音点"命令会改变捕获数据的形状,所以不使用这一命令。

步骤 6:统一采样

选择工具栏中"点"→"采样"→"统一采样"命令,在模型管理器中弹出如图 3-16 所示对话框。在输入栏中选择"绝对"单选按钮,定义"间距"为 0.65mm,在优化栏中把"曲率优先"的滑块设置到 5,选中"保持边界"复选框。单击"应用"按钮,系统开始采样,单击"确定"按钮,退出对话框,完成统一采样。

对话框中主要选项说明如下:

"输入"栏根据确定采样距离的方法,分为"绝对"、"通过选择定义间距"、"由目标定义间距"三种采样方法。

"绝对"系统分析点对象得到默认间距,再根据间距值采样,间距值也可以根据需要进行编辑。"通过选择定义间距"在点云中选择第一点,再选择第二点,系统通过这两点间的距

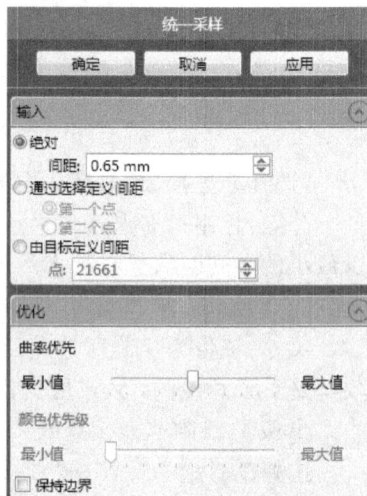

图 3-16　统一采样

离进行采样。"由目标定义间距"系统根据输入采样点的数量来分析点对象并自动找出最佳的采样距离，采样后的点的数量就是输入的目标值。

"优化栏"用于在采样的同时优化点云的质量，即确定在何种程度上侣持模型的曲率。曲率优先控制高曲率区域点的数量，曲率优先值越大，高曲率区域点的密度越大，所以根据扫描点云多次尝试调整曲率优先值，找出适合扫描点云的选项设置。

保持边界选中此复选框，点云边界将增加双倍的点数，保持模型边界的完整和形状不失真，建议优化时选中此复选框，它对模型的特征保持比较好。

提示：

（1）统一采样是在保持模型精确度的基础上减少点云数据量的大小，减少点云数据可以使数据的运算速度更快，从而提高运算效率。

（2）默认的绝对采样方法是将整个点对象减少 45%～65% 的点数据。

（3）曲率优先控制高曲率区域点的数据，0 为一个真正的曲率采样。曲率优先值越大，高曲率区域点的采样点密度越大，所以曲率优先级别要调到适当的位置，不可直接调到最大值，以免采样过程中点云表面特征的丢失。

（4）在保持精度的前提下获得最好效果的点对象，可以多次重复采样，多次重复采样使得低曲率的区域在封装后得到比较大的三角面片。

（5）如果数据量过大（几百万或者几千万），或者在后来的封装阶段得不到理想的多边形，在载入点云的时候就可以进行一次"格栅采样"。选择工具栏中的"点"→"采样"→"格栅采样"命令，建议在"等距采样"对话框中的"间距"一项按 1 mm。

步骤 7：封装数据

选择工具栏中的"点"→"封装"命令，弹出如图 3 - 17 所示的"封装"对话框，将"设置"栏中的"噪音的降低"设置为"无"，选中"保持原始数据"、"删除小组件"复选框，在"采样"栏中选中"最大三角形数"复选框，设置目标三角形个数为 100000。单击"确定"按钮，得到如图 3 - 18 所示的多边形封装效果图，同时原始点对象得到保留。

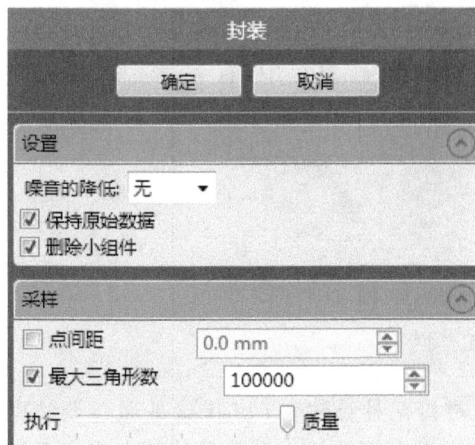

图 3 - 17　封装对话框

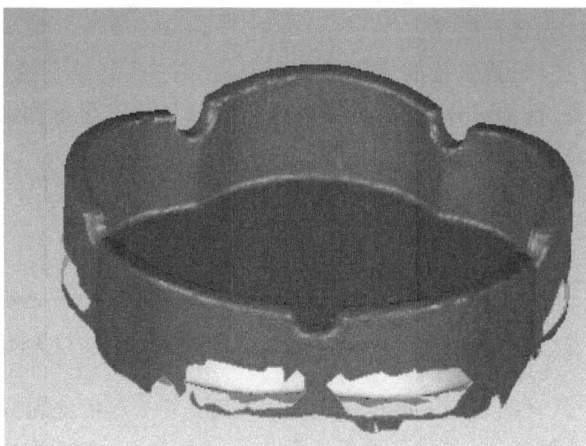

图 3 - 18　封装图

对话框中部分选项说明如下：

"设置"栏控制封装的参数设置。

噪音的降低可以对减噪的参数值进行选择，有无、最小值、中间、最大值和自动五种方法，其中参数"自动"适合医学器官模型,参数"无"适合模具、机器、机械数据、已经单独做过减少噪音的数据模型。

保持原始数据选中此复选框,系统将保留在对象模型管理器中的原始点云数据,否则原始点云数据将不予保留。

删除小组件在封装的过程中删除那些干扰主体多边形生成的小孤岛,一般都选中此复选框。

"采样"栏对点云进行采样,分为点间距采样和最大三角形数采样。点间距同统一采样中的绝对采样参数设置一样。最大三角形数封装后多边形数量的临界值,当封装出来的多边形数量大于临界值,系统会自动把多边形简化到临界值。最大三角形数值设置的越大,封装之后的多边形网格则越紧密。

执行/质量控制三角形的生成,默认在质量位置。

提示:由于封装是通过连接点来创建三角形面片,点阶段数据处理的质量决定封装的质量,所以点阶段要仔细耐心的操作,如果发现问题最好多重复几次。封装后的模型是以多边形的方式显示,放大视图可以看到模型的表面是由一个个极小的三角形组成的网格。

步骤 8:保存文件

将该阶段的模型数据进行保存。单击工具栏上的 Qualify 图标按钮 ⓒ,选择为"另存为"命令,在弹出的对话框中选择合适的保存路径,命名为"yhgsbl",单击"保存"按钮。

2. Geomagic Qualify12 扫描数据注册

在采集物体数据的过程中,由于物体表面很大或者很复杂,扫描设备不能从一个方向和位置采集到物体表面的完整数据,因此需要从不同的方向和位置对物体进行多次分区扫描,从而得到物体各个局部数据,这就需要对各个局部扫描数据进行拼接。拼接时在两数据点云上选择对应的点,当然这些点的选择不一定十分准确,大概位置相同即可,Geomagic Qualify12 软件根据两组数据点云所反映的实物特征进行拼接,以得到物体完整的点云数据,并通过合并操作得到一个完整的数据模型。在实际操作过程中,操作者可以根据具体情况使用上述方法以达到最佳效果。

扫描拼接的主要操作命令在"对齐"菜单下的"扫描拼接"工具栏中,有手动注册、全局对齐、探测球体目标、目标对齐和清除目标五个操作命令,如图 3-19 所示。

图 3-19 扫描拼接工具栏

Geomagic Qualify12 软件提供了 1 点拼接和 n 点拼接两种算法。1 点拼接是通过调整两片局部点云数据,使其大致在一个视角下,然后选中它们重合部分的一个公共特征点来实现拼接;n 点拼接至少需要 3 个公共点(Geomagic Qualify12 软件只允许 3~9 个公共点),它基于空间中不在同一条直线上的三个点相匹配的原理来实现。在使用手动注册命令拼接过程中,选中物体的两片局部点云数据,调整使其位姿一致,选中一个或 n(3~9)个公共特征点来拼合两片局部点云数据,拼合完成后将这两片点云数据拟合成一个整体。如果还有第三片点云,打开它与已经拼合成一个整体的点云继续进行两两拼接,这样就可以将几片局部点云数据拼接成一个完整的数据模型。

主要操作命令:

(1)"对齐"→"扫描拼接"→"手动注册"

(2)"对齐"→"扫描拼接"→"全局注册"

(3)"点"→"联合"→"联合点对象"

步骤1　打开附带光盘中 yhg.wrp 文件

启动 Geomagic Qualify12 软件,单击工具栏上的"打开"图标按钮潮或者单击工具栏上的 Qualify 图标按钮秘,再单击"打开"图标按钮,选中 yhgsbdm.wrP 文件,单击"打开"按钮。按住 Ctrl 键,依次单击模型管理器中的扫描数据对象,则在图形区域显示点云数据如图3-20所示。

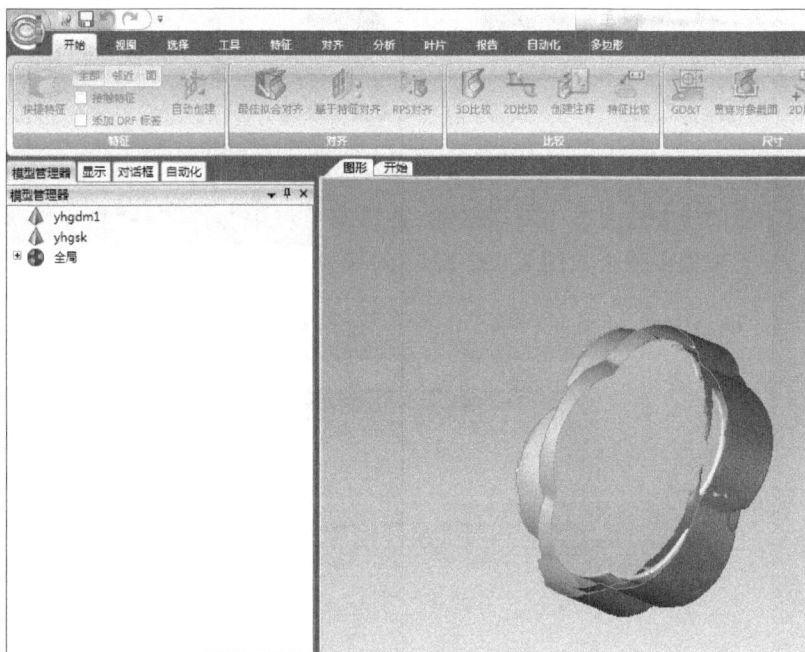

图3-20　注册数据对象

提示:

(1)在屏幕左边的管理器面板上,有改变显示点和多边形的控制。当导入的点云过大,进行数据处理时电脑运行速度比较慢。单击屏幕左边的管理器面板上"显示"面板,出现如图3-21所示的"显示"窗口,设置"动态显示百分比"为25,这样便可以提高工作的速度。

(2)放大扫描数据,发现扫描数据是一个规则形状的网格,说明这些点云是网格化有规律地排列的。

(3)如果所有的扫描对象没有在图形窗口显示,按住 Ctrl 键,然后依次单击模型管理器中的扫描数据对象,或者按住 Shift 键选择第一个和最后一个扫描数据对象,这样所有的扫描对象会在图形窗口显示。

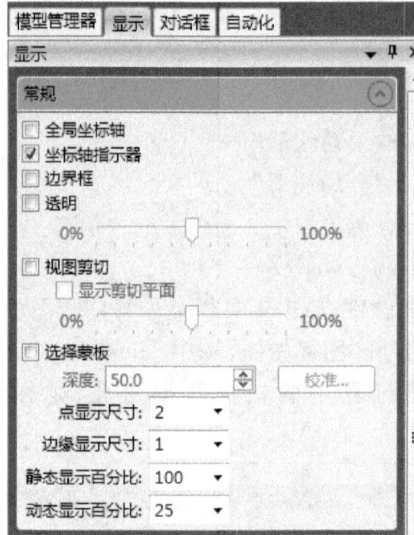

图 3 - 21　动态显示设置

步骤 2　手动注册

确定需要注册的所有点云处于显示状态,选择菜单栏中"对齐"→"扫描拼接"→"手动注册"命令,在模型管理器中弹出如图 3 - 22 所示的"手动注册"对话框。

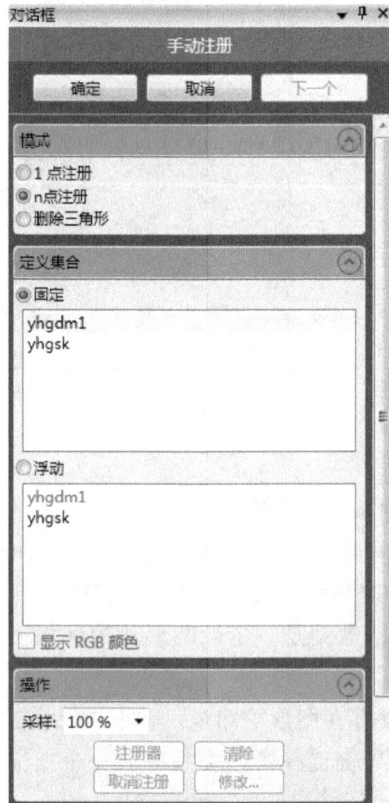

图 3 - 22　"手动注册"对话框

在"模式"中选择"n点注册",在"定义集合"中选择"固定",再选择"yhgdm1",这个扫描数据将出现在图形显示区域左上角的固定窗 El,并且扫描数据变成红色;选择"浮动",再选择"yhgsk",这个扫描数据将出现在右上角的固定窗口,并且扫描数据变成绿色,如图 3-23 所示(左上窗口为固定窗口,右上窗口为浮动窗 15,下面宽的窗口为浮动数据对齐到固定窗口数据后的预览窗口)。先把固定窗口和浮动窗 El 中的视图方向调整的尽可能相同,如图 3-24 所示;然后找到固定窗口和浮动窗口两个点云的公共特征点,以它作为注册对齐的点。按照图 3-25所示依次在固定视图和浮动视图中选择 4 个公共特征点进行注册。选完后在底部视图将显示对齐结果,单击"确定"按钮完成手动注册。

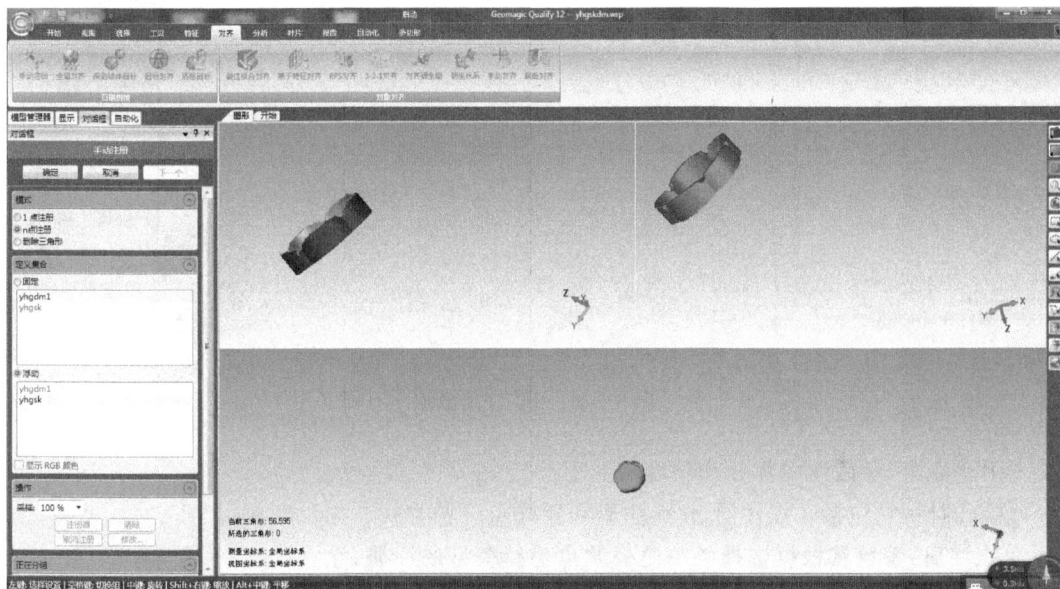

图 3-23 手动注册窗口

图 3-24 固定和浮动窗口

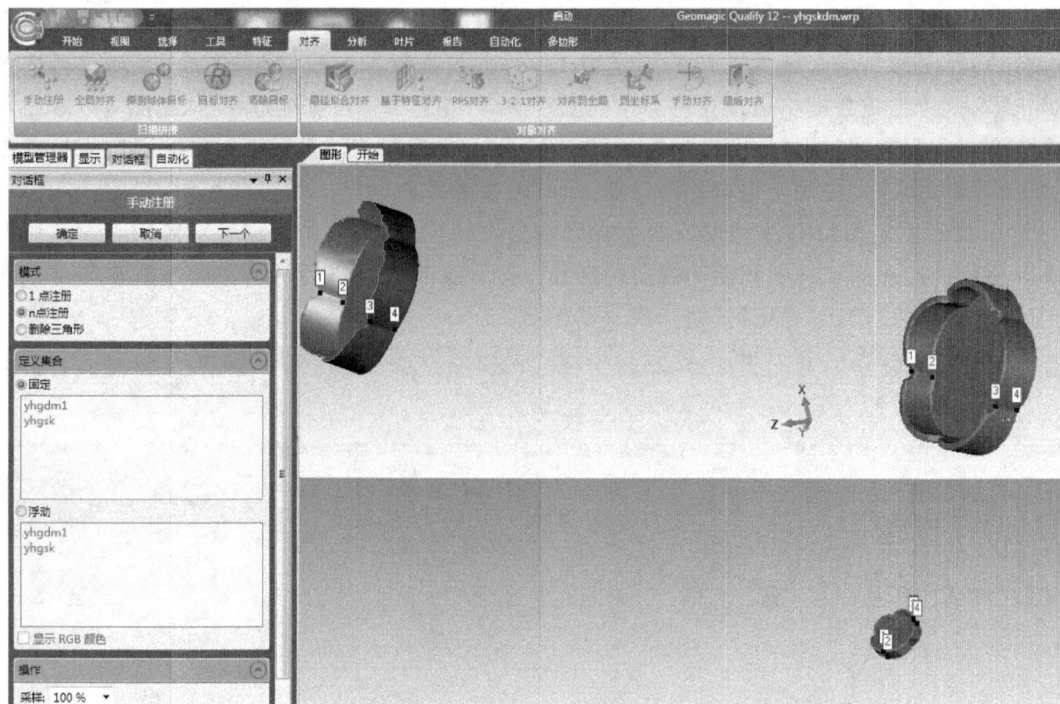

图 3-25　n 点注册数据

"手动注册"对话框中部分选项说明如下。

"模式"栏：它包括 1 点注册、n 点注册和删除点三种方式。

1 点注册：系统将根据选择的一个公共点进行模型的注册；

n 点注册：系统根据选择的多个特征点进行数据注册；

删除点：当两片点云数据是无序点云时，为了便于手动注册，删除一些不必要的点。

根据点云的实际特征灵活选择注册方式，一般情况下常用 n 点注册方式，这样精度比较高。

"定义集合"栏可以人为地选择固定模型和浮动模型对象，一般在固定点云上按顺序选择一些特征点（系统会自动给出点的序号），并在浮动点云上选择与之相对应吻合的点，这样相互对应的点就会对号入座，叠加重合在一起，这样两块孤立的模型就被合并在一起了。

固定。选择固定模型，在"固定"栏列表中单击其名称后该模型会显示在工作区的固定窗口以红色加亮显示。注意固定模型必须是在注册的过程中保持固定的部分。

浮动。选择浮动模型，单击其名称后该模型会在工作区的浮动窗口以绿色显示。注意浮动模型是在注册的过程中将随固定模型进行调整。

着色点。点云以着色点的形式显示，有利于看清模型的特征，便于选择注册点，推荐选择此复选框。

显示 RGB 颜色。指定是否显示模型的颜色。

"操作"栏。用于对浮动模型进行分组命名。

采样。指定在注册过程中所选计算的点的数量，在此基础上计算。

注册器。浮动的模型将根据所选择的公共部分对固定的模型进行复合计算。

清除。删除在模型上选定的参考点,用于模型点选择不正确的情况。

取消注册。如果对注册效果很不满意,可以单击该按钮撤销已经完成的注册。

修改注册。效果有些偏差时可以单击此按钮进行修改,可以对浮动模型的位置进行修改。

"正在分组"栏用于对浮动模型进行分组命名。

添加到组。指定是否将浮动模型加在所分的组中。

"统计"栏。用于统计在注册过程中的偏差情况。

平均距离。显示固定模型和浮动模型的平均距离。

标准偏差。表示两个模型相互重叠区域的标准偏差值。

步骤3 全局注册

选择菜单栏中"对齐"→"扫描拼接"→"全局对齐"命令,在模型管理器中弹出如图3-26所示的"全局注册"对话框,单击"应用"按钮。扫描数据经过重新计算使对齐的误差更进一步地减小。

为了检查扫描数据,看到是如何互相关联在一起的,单击"全局注册"对话框中的"分析"图标标后,弹出如图3-27所示的"分析"模式下的标签项。设置"密度"值为"完全"。单击"计算"按钮。计算之后图形区域会显示每个扫描数据与它相邻数据的关系,如图3-28所示为对齐偏差色谱图。

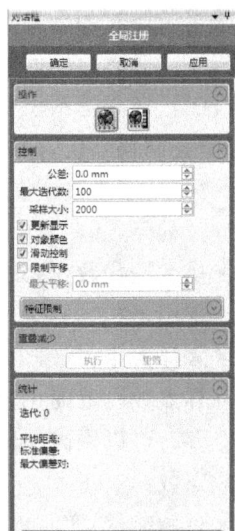

图 3-26 "全局注册"对话框

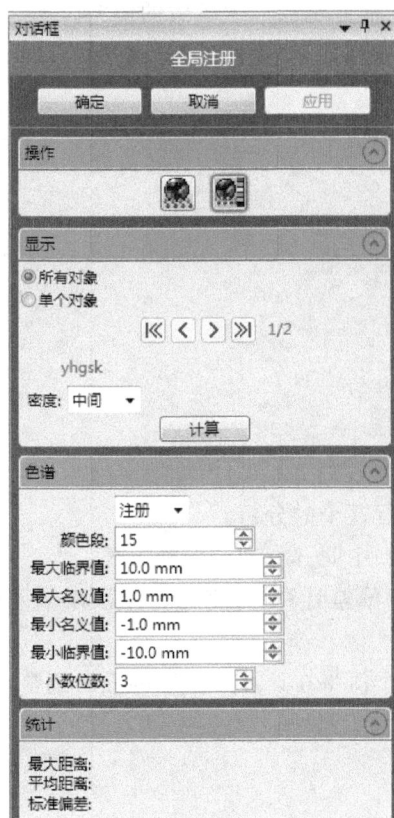

图 3-27 分析模式下的标签项图

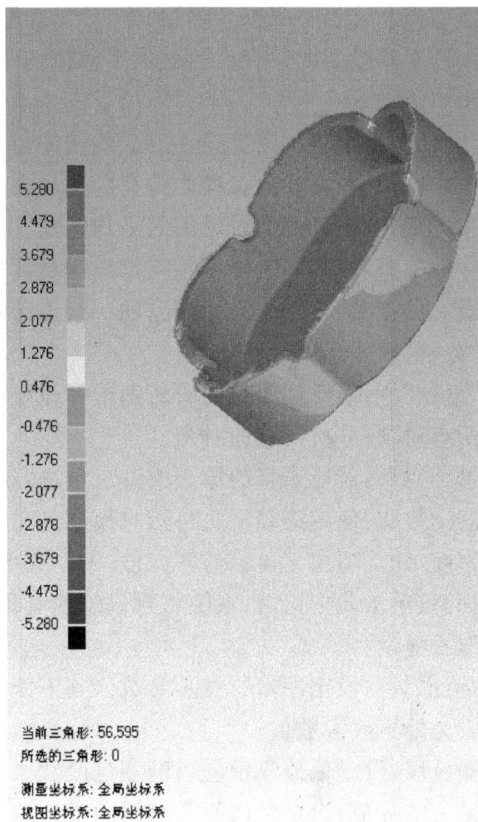

图 3-28 注册数据偏差色谱

单击"单个对象"按钮,用箭头来查看每个扫描数据的对齐情况。

单击"确定"按钮完成注册。

"全局注册"对话框有两种工作模式,分为"注册"模式和"分析"模式。注册模式主要用于数据全局注册时的偏差控制,对之前注册的两个或两个以上对象进行重定位,分析模式主要用于分析被注册对象的偏差指标。下面对两种工作模式选项进行说明。

"注册"模式选项说明如下。

- "控制"栏:包含参数的设置和其他的注册控制菜单。
- 公差:用于设定注册的不同对象指定点之间的平均偏差,如果计算超过此偏差,则迭代过程停止。
- 最大迭代数:指定计算的最大迭代次数,即以最大迭代次数试图达到所要求的公差范围。
- 采样大小:从每个注册对象上指定注册点的数量,这些点将被用来控制注册的过程,采样点数设置的比较小时可以使注册的速度提高,但注册准确性降低;采样点设置的比较多时可以提高注册的准确性,但计算速度相对减慢。所以要根据具体情况确定采样的点数。
- 更新显示:实时地显示被注册对象的可视面积在注册过程中的注册效果,当取消此复选框可使处理速度提高。
- 对象颜色:以对比鲜明的颜色显示每个注册对象。
- 滑动控制:激活"限制平移"命令,使对象的特征部分不会产生较大的偏差。
  限制平移设定对象允许的最大平移值,当"滑移控制"和"平移控制"同时选择时,将以较小值为准。
- "统计"栏:用于统计数据注册后的偏差值。
- 迭代:统计数据注册过程中计算的迭代次数。
- 平均距离:统计注册对象间的平均距离。
- 标准偏差:表示两个模型相互重叠区域的标准偏差值。
- 最大偏差对:注册中最大偏差的一对点云对象。
- "分析"模式选项说明如下:
- "显示"栏:显示注册后的分析图谱并设定相应参数。
- 所有对象:分析所有的对象。
- 单个对象:对所选择的单个模型对象进行分析。
- 滚动箭头:使用滚动箭头可以对模型的对象进行逐个的分析。
- 密度:该选项用于显示的密度值,下拉菜单有低、中间、高、完全四种方式。
- 计算:单击此按钮时,系统将对选定的对象进行偏差计算,并将计算结果以偏差图谱的形式显示。
- "色谱"栏:设定图谱的显示参数。其下面的各个值将在计算后自动的显示调整,也可以人为地更改参数值。
- 颜色段:设定偏差显示色谱的颜色段数。
- 最大临界值:设定色谱所能显示的最大偏差值。
- 最大名义值:色谱中从 0 开始向正方向第一段色谱的最大值。

- 最小名义值:色谱中从 0 开始向负方向第一段色谱绝对值的最大值。
- 最小临界值:该选项用于设定偏差的最小临界值。
- 小数位数:该选项用于设定偏差显示值的小数部分的位数。
- "统计"栏:用于显示统计的偏差信息。
- 最大距离:注册点云间同一点的最大偏差距离。
- 平均距离:注册点云对象间同一点的平均偏差距离。
- 标准偏差:表示两个模型相互重叠区域的标准偏差值。

步骤4　联合点对象

虽然扫描数据在注册后对齐了,但仍然是孤立的,需要把它们合并成一个单一的数据对象。先确定所有的扫描数据都激活,选择菜单栏中"多边形"→"联合"→"合并"命令,在模型管理器中弹出如图3-29所示的"联合多边形对象"对话框。默认选中"缝合"复选框,在"名称"文本框中输入 yhghc,单击"应用"按钮,系统开始合并。单击"确定"按钮,系统合并成一个单一的数据对象,合并后的多边形如图3-30所示。

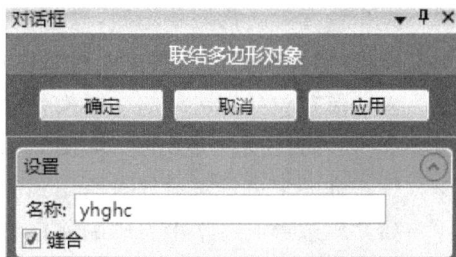

图3-29　"联合多边形对象"对话框

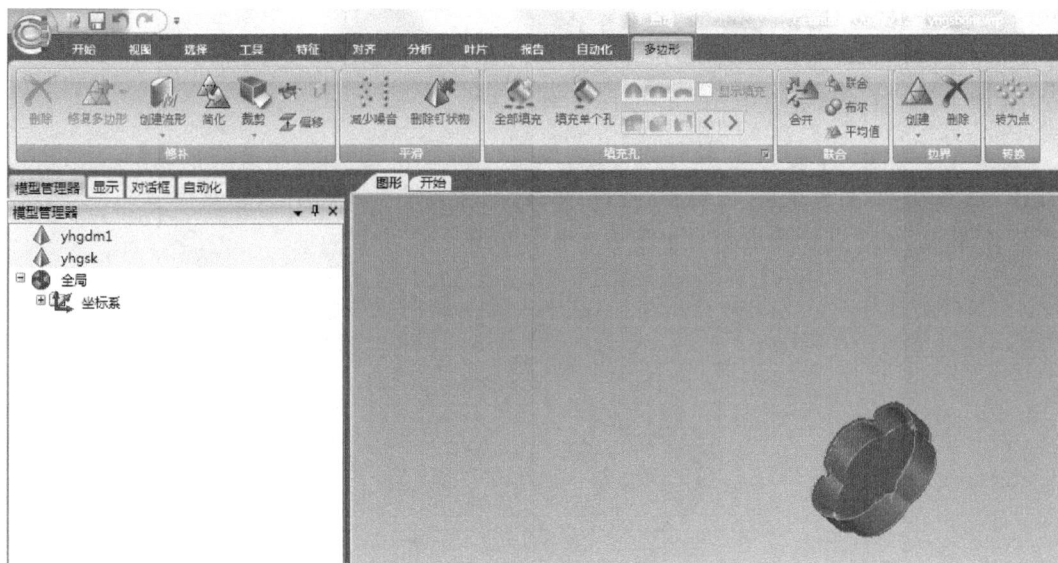

图3-30　合并后的多边形

"联合点对象"对话框中"设置"栏选项说明如下:
- 名称对合并成单一的数据对象命名。
- 生成簇提醒用户该点云数据是无序点云。
- 双精度所产生的点目标包含双精度的数据。

步骤5　保存文件

将该阶段的模型数据进行保存。单击工具栏上的 Qualify 图标按钮图,选择"另存为"命令,在弹出的对话框中选择合适的保存路径,命名为"yhghc",单击"保存"按钮。

3. 烟灰缸的多边形对象处理

使用 Geomagic Qualify 对烟灰缸的多边形对象(STL)处理是从点云数据封装后进行一系列的多边形修复处理,从而得到一个高质量的多边形对象的过程,该多边形对象可以作为参考对象或用户需要在多个扫描数据里面生成一个平均的多边形对象。

该处理阶段的主要思路及流程是:

首先根据封装后得到的多边形对象数据进行删除钉状物处理,去除金字塔形状的三角形组合;接着进行开流形,删除与主体网格不相连的三角形;减少噪音,使网格变得平滑;再通过网格医生检查多边形网格问题,修复错误网格;填充孔,补充缺失的表面数据,使多边形对象更加完整;最后再次通过网格医生检查多边形网格问题,直至没有网格错误。

多边形对象处理阶段的主要操作命令在"多边形"菜单下。有修补、平滑、'填充孔、联合、边界、转换六个工具栏选项区,如图 3－30 所示为工具栏命令组。

烟灰缸的多边形对象处理所用到的基本操作命令如下:

(1)"多边形"→"平滑"→"删除钉状物"

(2)"多边形"→"修补"→"创建流形"→"开流形"

(3)"多边形"→"平滑"→"减少噪音"

(4)"多边形"→"修补"→"修复多边形"

(5)"多边形"→"填充孔"→"填充单个孔"

(6)"多边形"→"修补"→"修复多边形"

步骤 1　打开附带光盘中 yhghc. wrp 文件

启动 Geomagic Qualify12 软件,单击软件窗口左上角 Qualify 系统图标按钮，再单击"打开",系统弹出"打开文件"对话框,查找存储盘数据文件夹并选中 yhghc. wrp 文件,然后单击"打开"按钮,在工作图形区域显示多边形对象如图 3－31 所示。

图 3－31　烟灰缸的多边形对象

步骤 2　删除钉状物

多边形对象通常会有一些像金字塔一样具有顶点的小三角形组合,使多边形对象看起来很不光滑,影响表面的质量。本实例中的部分钉状物如图 3－32 所示。选择菜单栏中"多边形"→"平滑"→"删除钉状物"命令,在模型管理器中弹出如图 3－33 所示的"删除钉状物"对话框。将参数设定区域中的"平滑级别"滑到中间为 50,单击"应用"按钮,软件进行钉状物的自动删除,单击"确定"按钮退出对话框。删除钉状物后多边形对象看上去光滑了很多,如图3-34所示为删除钉状物后的多边形对象。

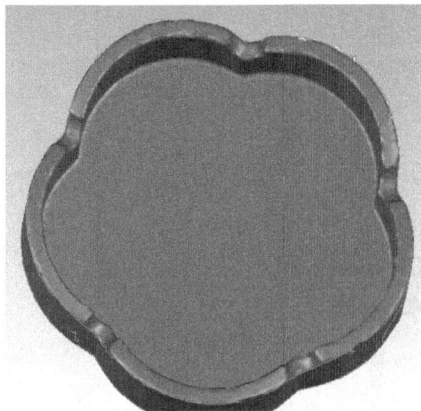

图 3-32　钉状物

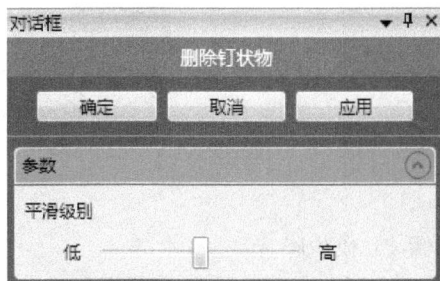

图 3-33　"删除钉状物"对话框

图 3-34　删除钉状物后的多边形

"删除钉状物"对话框说明:

"参数"区域

平滑级别"用来设置平滑程度,从低到高。平滑级别越高就会对更多的三角形网格进行平滑,删除钉状物的范围也会相应的扩大。但并不是级别越高越好,这样会删除一些小特征,对模型有一定影响。建议根据模型数据作相应的调整,一般选择中下等级的级别,即小于50。

步骤3　开流形

在实例中有一个翘起的部分有一些非流形的三角形,它们没有与主体网格相连,如图3-35所示,这些三角形非常小,用肉眼不容易看到,这时可以使用开流形命令来删除这些三角形。选择菜单栏中的"多边形"→"修补"→"创建流形"→"开流形"命令,注意多边形数量的变化,系统会自动删除这些浮动的三角形。如果有大的浮动的三角形区域可以使用"选择"→"数据"→"选择依据"→"区域"命令来删除。

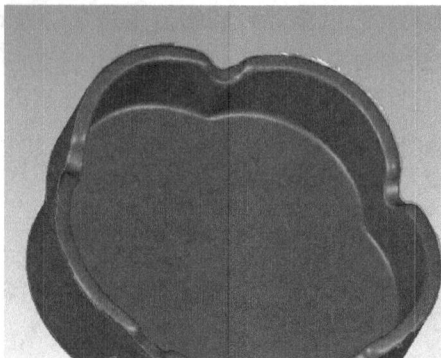

图 3-35　非流形的三角形

步骤 4　减少噪音

选择工具栏中"多边形"→"平滑"→"减少噪音"命令,在模型管理器面板中弹出如图 3-36 所示的"减少噪音"对话框,此时整个多边形对象被选中,呈现红色显示。在"参数"选择区域选择"棱柱形（积极）"形状,"平滑度水平"滑标调节到 3,"迭代"设为 2,"偏差限制"设为 10.0 mm,单击"确定"按钮,来进行减少噪音。减少噪音操作完成后,可以在"统计"区域看到各种偏差结果,单击"显示偏差"区域的下拉展开按钮,可以看到偏差结果,如图 3-37 所示为减少噪音平滑后的多边形对象和偏差结果,完成后单击"确定"按钮退出对话框。

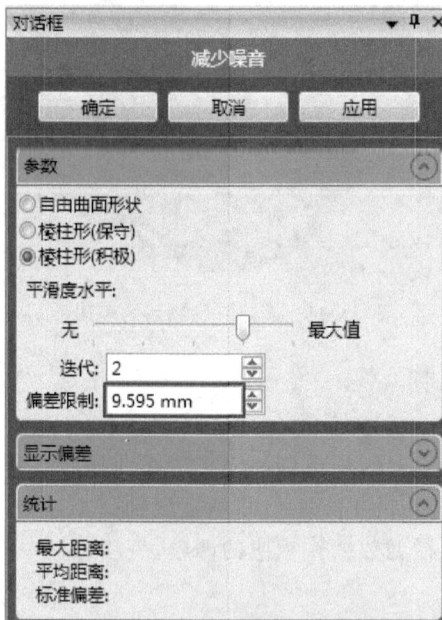

图 3-36　"减少噪音"对话框说明：

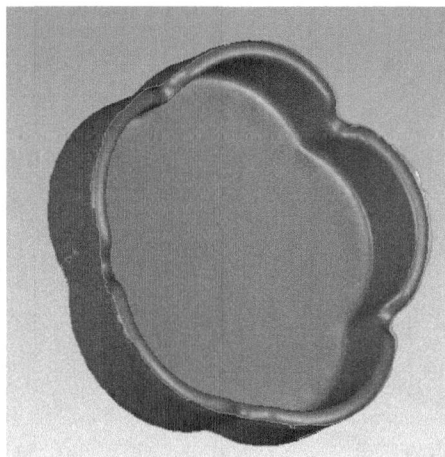

图 3-37 所示为减少噪音平滑后的多边形对象

"参数"选项区用于设定减少噪音的操作类型。

"自由曲面形状"→适用于模型表面比较平滑和曲率比较小的平面。

"棱柱形(保守)"或"棱柱形(积极)"→适用于模型的表面有棱边或者曲率急剧变化的特征。正如其字面含义,选择"保守"时减少噪音的范围完全不包括具有曲率变换较大的特征区域,而选择"积极"则会依据多边形对象整体作相应的适应性减噪操作。

"平滑度水平"的值越大,模型表面就越平滑,但是平滑级别过大,模型的一些小特征就会被忽略或删除。

"显示偏差"区域主要可以设置偏差显示的要求与查看效果,该部分是 Qualify 软件的核心,主要用于设置目标偏差范围和显示偏差效果以用于后续分析。

"统计"区域主要显示了减少噪音操作后的最大偏差、平均偏差和标准偏差的数值。

步骤 5 修复多边形

选择工具栏中"多边形"→"修补"→"修复多边形"命令,在模型管理器面板中弹出如图 3-38 所示的"网格医生"对话框,网格医生会自动分析检测到整个多边形对象的问题,如图 3-39 中网格错误呈现红色。在"分析"选项区中呈现的问题有自相交、高度折射边、钉状物、小组件、小孔等,在"操作"区域的"类型"选项区中选择"自动修复"按钮,在"分析"选项区中不选中"小孔"和"小通道"复选框,因为该多边形对象有几个小孔特征并且对孔洞可以在后续使用填充孔命令。单击"更新"按钮,进行网格自动修复,完成后单击"确定"按钮退出对话框,得到如图 3-40 所示修复后的多边形对象。

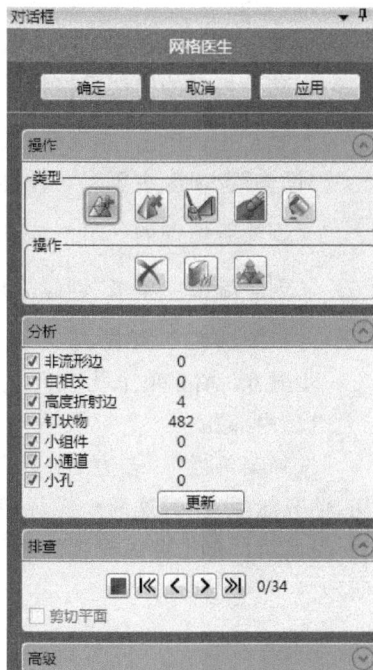

图 3-38 "网格医生"对话框

51

图 3-39　多边形中网格错误

图 3-40　修复后的多边形对象

"网格医生"对话框说明：

"类型"选项区

- 自动修复　单击"修复多边形"按钮 后"网格医生"就自动进行整体多边形对象的网格分析，然后会将网格错误以红色呈现出来，利用"自动修复"即可完成修复。

- 删除钉状物　单击"删除钉状物"按钮 后，"网格医生"就自动把钉状物的顶点移动到周围的平均曲面上，使多边形对象变得平滑。

- 清除　单击"清除"按钮 ，如果之前在多边形对象上选择了一定区域，单击该按钮可以清除选择的部分。

- 单击"去除特征"按钮 ，可以去除出现网格错误的特征，也可以在"分析"区域添加或减少相应的错误网格特征，实现去除操作。

- 填充孔　单击"填充孔"按钮 ，主要完成对多边形对象的空洞进行填充操作。

"操作"选项区主要有 3 种类型完成不同的网格操作，分别如下：

- 删除所选择的　单击"删除所选择的"按钮 后，删除选择的区域或者特征。

- 创建流形　单击"创建流形"按钮 后，删除模型中非流形三角形。

- 扩展选区　单击"扩展选区"按钮 后，扩大选择的区域。

步骤 6　填充单个孔

（1）内部孔

选择菜单栏中"多边形"→"填充孔"→"填充单个孔"命令，单击"曲率"按钮和"内部孔"按钮，使其激活，同时这两个图标背面成橘黄色。将光标移到孔的边界附近，边界呈红色，如图 3-41 所示。单击要填充孔的边界，孔就会按照曲率类型和内部孔方式被填补上，如图 3-42 所示。

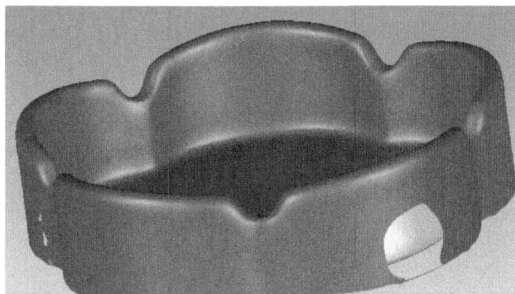

图 3-41　简单内部孔填充前

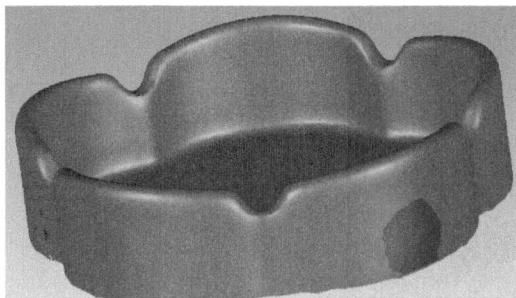

图 3-42　简单内部孔填充后

（2）边界孔

旋转视图到如图 3-43 所示，在填充类型上选择"曲率"和在模式栏选择"边界孔"，在边界孔的边界线的两个角点上单击选择外边线，呈现红色边线，如图 3-44 所示，然后选择内部的边线，即图中的三角形的另外的两条边线即可完成边界孔的填充，如图 3-45 所示。边界孔的填充有时要用到另外一种填充模式"搭桥"。

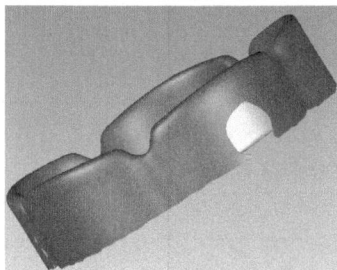

图 3-43　边界孔

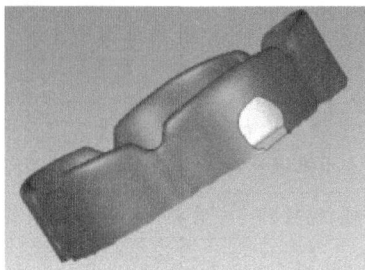

图 3-44　选择边界孔的外边线

图 3-45　边界孔的填充后

步骤 7　修复多边形

操作完成后，需要再次用网格医生命令检查网格，确保网格能应用于后面的步骤。选择工具栏中"多边形"→"修补"→"修复多边形"命令，详细的操作过程见步骤 5。

步骤 8　保存文件

将该阶段的模型数据进行保存。单击软件窗口左上角的 Qualify 系统图标按钮 ，选择"另存为"命令，在弹出的对话框中选择合适的保存路径，命名为"yhg"，单击"保存"按钮。

思考题

3-1　打开与导入区别是什么？

3-2　点处理对象主要操作命令有哪些？

3-3　把点云数据转换为高质量的多边形对象一般情况下需要运用哪些命令？

3-4　由于物体表面很大或很复杂，扫描设备需要多次分区扫描得到多个局部数据，如何实现把这些数据拼接成一个完整的多边形对象？

项目四 3D 打印技术认知

教学导航

项目名称	项目四 3D 打印技术认知	
教学目标	1. 了解 3D 打印技术的起源、发展状况及发展趋势。 2. 掌握 3D 打印技术的典型工艺原理及技术特点。	
教学重点	1. 3D 打印技术的典型工艺原理。 2. 3D 打印技术的典型工艺技术特点。	
工作任务名称	主要教学内容	
	知识点	技能点
任务一 认识 3D 打印技术	3D 打印技术的起源、发展状况及发展趋势。	知道 3D 打印技术的发展状况。
任务二 3D 打印技术的典型工艺与应用	3D 打印技术的典型工艺；各工艺的成型原理及特点。	知道 3D 打印技术的典型工艺的成型原理和技术特点。
教学资源	教材、视频、课件、设备、现场、课程网站等。	
教学（活动）组织	教师讲授 3D 打印的起源、发展状况及发展趋势，学生听讲。 教师讲授 3D 打印的成型原理，并播放各种 3D 打印技术制做模型的视频，学生听讲及观看。之后教师提问物体成型方式，学生回答，教师总结。 教师讲授 3D 打印技术的原理及技术特点，学生听课。教师总结。	
教学方法	引导启发、分组讨论等。	
考核方法	通过课后作业：3D 打印技术的典型工艺的成型原理和特点，来考核学生的掌握情况，并且通过提问来进一步验证学生的学习效果。	

任务一 认识 3D 打印技术

3D 打印技术不需要传统的刀具、夹具及多道加工工序，利用三维设计数据在一台设备上由程序控制自动、快速和精确地制造出任意复杂形状的零件，从而实现设计和数字化"自由制造"。该技术可以实现许多过去难以制造的复杂结构零件的成形，并大大减少加工工序，缩短加工周期。如同蒸汽机、福特汽车流水线引发的工业革命，3D 打印技术被视为"一项将要改变世界的技术"而引起全球关注。3D 打印技术正在改变我们传统的生产方式和生活方式。随着 3D 打印技术应用的不断拓展，它将不再局限在制造技术领域，而将成为社会创新的工具，使得人人都可以成为创造者，支撑创新型社会的发展。

1. 3D打印技术的起源

3D打印技术的核心制造思想最早起源于美国。早在1892年,J. E. Blanther 在其专利中曾建议用分层制造法构成地形图。1902年,Carlo Baese 的专利提出了用光敏聚合物制造塑料件的原理。1940年,Pcrera 提出了在硬纸板上切割轮廓线,然后将这些纸板粘结成三维地形图的方法。20世纪50年代之后,出现了几百个有关3D打印技术的专利。20世纪80年代末之后3D打印技术有了根本性的发展,涌现出十余种3D打印的新方法和新工艺,注册了更多的3D打印技术方面的新专利。在欧美成立了多家利用这些专利技术生产3D打印设备的公司,推出了不同类型的商用3D打印设备。

总体上,美国在设备研制、生产销售方面占全球的主导地位,其发展水平及趋势基本代表了世界的发展水平及趋势。欧洲各国和日本也不甘落后,纷纷进行相关技术研究和设备研发。香港和台湾比内地起步早,台湾各大学安装多台进口3D打印设备,在军事领域也有所应用,香港生产力促进局和香港科技大学、香港理工大学、香港城市大学等都拥有3D打印设备,其重点是有关技术的应用与推广。

国内自20世纪90年代初开始进行研究,清华大学、西安交通大学、华中科技大学自主开发了3D打印设备并实现产业化,这三家大学是我国最早开展3D打印技术研发和产业化的单位。随后,北京航空航天大学、西北工业大学等在航空航天大型复杂金属构件直接3D打印技术方面展开研究,并取得实质性进展。

随着3D打印技术工艺、材料和装备的逐渐成熟,3D打印技术由快速成形阶段发展进入新的快速制造阶段。而快速成形技术以"3D打印"这一更加亲民的概念被越来越多的人熟知。如今由于诸多快速成形和快速制造等3D打印设备均以3D打印机示人,最早的3D打印已可被称为"经典3D打印技术"。"新兴的3D打印技术"可以直接制造为人所用的功能零件和传统工艺使用的工具,包括电子产品绝缘外壳,金属结构件,高强度塑料零件,劳动工具,橡胶缓震制件,汽车、航空工业中一些耐高温的陶瓷部件、各类模具等。

2. 3D打印技术国内外发展现状

(1)国外3D打印技术发展现状

3D打印技术的核心为成形装备。美国、德国和日本在该领域处于世界领先水平,并已形成了多家专业化、规模化研制和生产3D打印装备的知名企业,如美国3D Systems、德国EOS以及日本CMET等公司。

美国3D Systems公司生产的光固化(SLA)装备在国际市场上占最大比例。该企业自1988年推出首台SLA－250型商品化装备后,又相继推出SLA－250HR、SLA－3500、SLA－5000、SLA－7000以及最新的Viper Pro system等型号SLA装备(最大成形空间达到1500 mm×750mm×550mm)。其主要的技术创新表现在:①利用半导体泵浦的三倍频Nd:YV04(钕钇钒酸盐)固体激光器替代He－Cd激光器,将装备使用寿命增长至5000小时以上;②采用被称为ZephyrTM Recoating System的专利涂层技术替代普通的刮板涂层技术,使最小涂层厚度由约0.1mm减至0.025mm,大大提高制件成形精度;③将扫描速度提高至约10m/s,大大提高了制件成形效率。

日本的DENKEN工程公司和AUTOSTRADE公司打破SLA装备使用紫外光源的常规,率先使用680nm左右波长的半导体激光器作为光源,大大降低了SLA装备的成本。

在选择性激光烧结(SLS)装备方面,德国EOS公司和美国3D Systems公司是世界上该技术的主要提供商。成形材料由早期的高分子材料拓展至金属、陶瓷等功能材料,成形精度约为 0.1～0.2mm,成形空间逐渐增大,最大台面超过 700mm。

在金属直接 3D 打印方面,世界范围内已经有多家成熟的装备制造商,包括德国 EOS 公司(EOSING M270)、美国 MCP 公司(Realizer 系列)、德国 Concept laser 公司(M Cusing 系列)。瑞典 Acram 公司的 EBM 装备也占有重要地位。

目前 3D 打印技术的应用范围和领域非常广泛,除了辅助更新换代快的家电、数码新产品开发外,还在航空航天、船舶、武器装备、生物制造等领域获得了成功的工程应用。例如,美国波音公司应用 3D 打印技术与传统铸造技术相结合,制造出铝合金、钛合金、不锈钢等不同材料的货舱门托架等制件;著名的 GE 公司应用 3D 打印技术制造航空航天与船舶用叶轮等关键制件。美国军方应用 3D 打印技术辅助制造导弹用弹出式点火器模型,取得了良好效果。

在生物 3D 打印制造方面,欧美等发达国家研究较多、范围较广且已获得了临床应用。例如,美国 Espersen 等人利用生物相容性树脂,通过 SLA 技术成形医用助听器模型;美国 Andino 等人利用 SLA 技术为特殊病人制作眼睛水晶体模型;美国 Culp 等人使用 SLA 技术根据病人牙齿的 3D 图形制造人工牙齿,并研究牙齿排列和修复等医疗问题;意大利 Martineti 等人使用生物相容性的陶瓷粒子改性光敏树脂,利用 SLA 技术制造了人体骨骼修复体,并进行了临床应用。

(2)国内 3D 打印技术发展现状

我国国内从事商品化 SLA 装备研制的主要有陕西恒通智能机器有限公司(技术依托于西安交通大学)、武汉华科三维科技有限公司(技术依托于华中科技大学)、杭州先临三维科技股份有限公司、无锡中瑞机电科技有限公司和上海联泰科技股份有限公司等。其中,陕西恒通智能机器有限公司于 1993 年在国内率先开展 SLA 技术的研究,先后研制成功了使用 He－Cd 气体激光器的 LPS 系列和使用 Nd:YV04 半导体泵浦紫外固体激光器的 SPS 系列 SLA 装备。为了降低成本,该单位于 1996 年推出了一种采用特殊紫外灯光源替代激光器的 CPS 系列低成本 SLA 装备。该装备采用大功率紫外灯光源经椭球面反射罩实现反射聚焦,聚焦后的紫外光经光纤耦合传输,再经过透镜聚焦,最后将紫外光传到树脂液面上。2001 年该单位又研制出 HLPS250 型高分辨率 SLA 装备,采用 f－θ 镜实现平面聚焦,使最小激光光斑直径约为 10μm,采用约束液面法涂层,使最小涂层厚约为 10μm,提高了成形制件精度。

我国国内从事商品化 SLS 装备研制和生产的单位主要有武汉华科三维科技有限公司、北京易加三维科技有限公司、湖南华曙高科技有限公司、江苏永年激光成形技术有限公司、北京隆源自动成型系统有限公司等。华中科技大学于 20 世纪 90 年代初在国内率先开展 LOM、SLA、SLS 与 SLM 技术的研究。以 SLS 技术为例,在 2000 年左右研制成功了基于 CO_2 激光器的 SLS 装备,成形台面达到了 400mm×400mm,制件精度约为 0.2mm。通过对成形材料、智能预热、扫描工艺、关键机构等内容的自主创新研究,于 2005 年左右研制成功了成形台面达 500mm 的新型 SLS 装备,可广泛应用于高分子、金属、陶瓷、覆膜砂等功能材料的 3D 打印制造,整机性能接近国外先进水平。与此同时,还研制了国产化的三维振镜系统,配以国产化的激光器使 SLS 装备的成本降低了 50% 以上,大大提高了产品的市场竞争力。2005 年以后,为了满足大尺寸制件的整体 3D 打印制造,该单位研制了当时具有世界最大工作台面(1000mm×1200mm×1400mm)的大型 SLS 装备,为我国大型飞机、船舰和机床等装备制件的快速开发提供了重要的技术平台。在 SLS 技术基础上,华中科技大学从 2003 年开始研发直接制造金属零部件的 SLM 技术与装备,目前的工作台面达 500mm×500mm,拥有自主知识产权,已通过武汉华科三维科技有限公司产业化,并投放市场。

北京航空航天大学与西北工业大学研制了可用于航空航天复杂结构件快速制造的 LENS 装备,并较为系统地研究了金属零件激光 3D 打印材料、工艺及零件性能。目前已制造了专用 LENS 成形装备,可直接成形具有较复杂外形的不锈钢、镍基高温合金、钛及钛合金零件。研究成果已在我国多个机型上实现了装机应用。

随着我国经济的快速发展,3D 打印技术的应用范围日益广泛,应用领域不断拓展。首先,在行业层面我国许多制造企业先后引入 3D 打印技术,辅助自主品牌产品的快速和自主开发。如汽车制造企业分别建立了 3D 打印部门,利用 3D 打印技术完成新车型模型的制作,并辅助相关关键制件的功能验证与快速制造。在沿海及其他经济发达地区,如上海、深圳、天津、青岛、东莞等地相继建立了 3D 打印技术服务中心,利用多种 3D 打印技术辅助该地区多领域企业的新产品快速开发,为个性化突出的家电、数码等产品的快速更新换代提供了重要的技术支撑。其次,在科研和技术研发层面,我国在生物制造、功能制件快速制造等先进应用领域也开展了众多的应用研究与推广工作。

在上述各类工业级 3D 打印设备发展的同时,从 2011 年开始,国内也开始陆续出现桌面级的 3D 打印机,早期是仿制国外的开源 FDM 打印机(基于 RepRap),然后开始有了自己的方案。之后一批从事桌面级 FDM 3D 打印机生产及销售的公司涌现出来,如太尔时代、闪铸、铭展等。桌面级 3D 打印机设备和耗材的价格都远低于工业级 3D 打印机,而且,它完全能够满足一部分对成形尺寸和精度要求不是太高的客户的需求。它的出现,大大降低了 3D 打印的门槛,使得 3D 打印的普及率得到提高,也使得 3D 打印的概念在国内深入人心。

3. 3D 打印技术发展趋势

(1)向日常消费品制造方向发展

3D 打印技术在科学教育、工业造型、产品创意、工艺美术等领域有着广泛的应用前景和巨大的商业价值。如图 4-1 所示为 3D 打印消费品。

图 4-1 消费品

(2)向功能零件制造发展

采用激光或电子束直接熔化金属粉,逐层堆积金属,形成金属直接成形技术。该技术可以直接制造复杂结构金属功能零件,制件力学性能可以达到锻件性能指标。功能零件制造的发展方向是进一步提高精度和性能,同时向陶瓷零件的 3D 打印技术和复合材料的 3D 打印技术发展。如图 4-2 所示,利用 3D 打印直接制造砂型(芯),通过浇注可得到复杂的金属铸件。

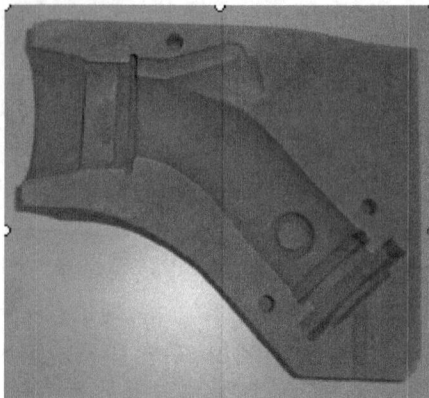

图 4-2 砂芯

（3）向智能化装备发展

目前 3D 打印设备在软件功能和后处理方面还有许多问题需要优化。例如，成形过程中需要加支撑，软件智能化和自动化需要进一步提高；制造过程、工艺参数与材料的匹配性需要智能化；加工完成后的粉料或支撑的去除等问题。这些问题直接影响设备的使用和推广，设备智能化是走向普及的保证。

（4）向组织与结构一体化制造发展

实现从微观组织到宏观结构的可控制造。例如在制造复合材料时，将复合材料组织设计制造与外形结构设计制造同步完成，在微观到宏观尺度上实现同步制造，实现结构体的"设计—材料—制造"一体化。支撑生物组织制造、复合材料等复杂结构零件的制造，给制造技术带来革命性发展。

3D 打印技术代表制造技术发展的趋势，产品从大规模制造向定制化制造发展，满足社会多样化需求，目前 3D 打印产业的产值占全球制造业市场的份额不高，但是其间接作用和未来前景难以估量。3D 打印技术的优势在于制造周期短、适合单件个性化需求、大型薄壁件制造、钛合金等难加工易热成形零件制造、结构复杂零件制造，在航空航天、医疗等领域，产品开发阶段，计算机外设发展和创新教育上具有广阔发展空间。

3D 打印技术的应用，为许多新产业和新技术的发展提供了快速响应制造技术。例如，在生物假体与组织工程上的应用，为人工定制化假体制造、三维组织支架制造提供了有效的技术手段。为汽车车型快速开发和飞机外形设计提供了快速制造技术，加快了产品设计速度。国外 3D 打印技术在航空领域超过 12% 的应用量，而我国的应用量则非常低。3D 打印技术尤其适合于航空航天产品中的零部件单件小批量的制造，具有成本低和效率高的优点，在航空发动机的空心涡轮叶片、风洞模型制造和复杂精密结构件制造方面具有巨大的应用潜力。因此，3D 打印技术是实现创新性国家的锐利工具。

3D 打印技术还存在许多问题，目前主要应用于产品研发，还存在使用成本高（10 ～100元/克），制造效率低。例如金属材料成形效率为 100～3000 克/小时，制造精度尚不能令人满意等问题。其工艺与装备研发尚不充分，尚未进入大规模工业应用。应该说目前 3D 打印技术是传统大批量制造技术的一个补充。任何技术都不是万能，传统技术仍会有强劲的生命力，3D 打印技术应该与传统技术优选、集成，会形成新的发展增长点。对于技术需要加强研发、培育产业、扩大应用。通过形成协同创新的运行机制,积极研发、科学推进,使之从产品研发工具走向批量生产模式,技术引领应用市场发展,改变我们的生活。

任务二 3D打印技术的典型工艺与应用

1. 3D打印技术的基本原理

3D打印技术属于非传统加工工艺,也称为增材制造技术、快速成形技术、快速原型制造技术等,是近30年来全球先进制造领域兴起的一项集光/机/电、计算机、数控及新材料于一体的先进制造技术,名称各异的叫法从不同方面表达了该技术的特点。

3D打印技术与切削等材料"去除法"不同,它是一种以数字三维CAD模型文件为基础,运用高能束源或其他方式,将液体、熔融体、粉末、丝、片等特殊材料进行逐层堆积粘结,最终叠加成型,直接构造出实体的技术,因此被通俗叫做"3D打印"。该技术将三维实体变为若干二维平面,大大降低了制造复杂度。理论上,只要在计算机上设计出结构模型,就可以应用该技术在无需刀具、模具及复杂工艺条件下快速地将设计变为实物。该技术特别适合于航空航天、武器装备、生物医学、模具等领域中批量小、结构非对称、曲面及内空结构零部件(如航空发动机空心叶片、人体骨骼修复体、随形冷却水道)的快速制造,符合现代和未来制造业的发展趋势。

3D打印技术的基本原理是:由设计者首先在计算机上绘出所需零件的三维模型(图4-3(a)),对其进行分层切片,得到各层截面的二维轮廓(图4-3(b))。按照这些轮廓,成形头通过激光扫描(图4-3(c))选择性地固化一层层液态树脂(或切割一层层纸,或烧结一层层粉末材料,或喷涂一层层热熔材料或粘结剂等),形成各个截面轮廓,并逐步顺序叠加成三维制件(图4-3(d))。整个制造过程可以比喻为一个"积分"的过程。

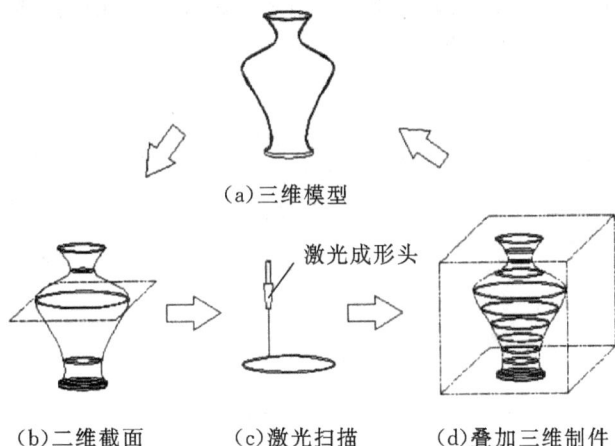

(a)三维模型

激光成形头

(b)二维截面 (c)激光扫描 (d)叠加三维制件

图4-3 3D打印技术的基本原理

2. 3D打印技术的典型工艺

自20世纪80年代美国出现第一台商用3D打印设备后,在近30年时间内3D打印技术得到了快速发展。根据所用材料及生成片层方式的区别,3D打印技术不断拓展出新的技术路线和实现方法。较成熟的技术主要有以下四种典型工艺方法:液态树脂光固化(Stereo-lithography Apparatus,简称 SLA 技术)、薄材叠层制造(Laminated Object Manufacturing,简称 LOM 技术)、激光选区烧结(Selective Laser Sintering,简称 SLS 技术)、丝材熔融挤出成形(Fused Deposition Modeling,简称 FDM 技术),每种类型又包括一种或多种技术路线。目前 LOM 技术逐渐消落,其他几种方法逐渐向低成本、高精度、多材料方面发展。

随着 3D 打印技术工艺和设备的成熟,新材料、新工艺的出现,该技术由快速原型阶段进入快速制造和普及化新阶段,最显著地体现在金属零件直接快速 3D 打印制造以及桌面型 3D 打印设备。

目前,可直接制造金属零件的 3D 打印技术有基于同轴送粉的激光近成形技术(Laser Engineering Net Shaping,简称 LENS 技术)和基于粉末床的激光选区熔化技术(Selective Laser Melting,简称 SLM 技术)及电子束熔化制造技术(Electron Beam Melting,简称 EBM 技术)。激光近成形 LENS 技术能直接制造出大尺寸的金属零件毛坯;激光选区熔化 SLM 技术和电子束熔化制造 EBM 技术可制造复杂精细金属零件。

由于系统成本较高、材料特殊以及操作复杂,在目前阶段 3D 打印技术主要应用于科研以及工业应用。随着 FDM 3D 打印技术的发展和推出的价格低廉的桌面型 3D 打印机,3D 打印技术的应用范围得到了极大扩展。

(1)液态树脂光固化技术(SLA)

SLA 技术的工作原理如图 4-4 所示。光固化成形是一种用紫外线照射液态的光敏树脂使其固化成所需形状的技术。首先,在计算机上用三维 CAD 系统构成产品的三维实体模型,然后对其进行分层切片,得到各层截面的二维轮廓数据。依据这些数据,计算机控制紫外激光束在液态光敏树脂表面扫描,光敏树脂中的光引发剂在紫外光的辐射下,裂解成活性自由基,引发预聚体和活性单体发生聚合,扫描区域被固化,产生一薄固化层。然后将已固化层下沉一定高度,让其表面再铺上一层液态树脂,用第二层的数据控制激光束扫描,这样 一层层地固化,逐步顺序叠加,最终形成一个立体的原型。

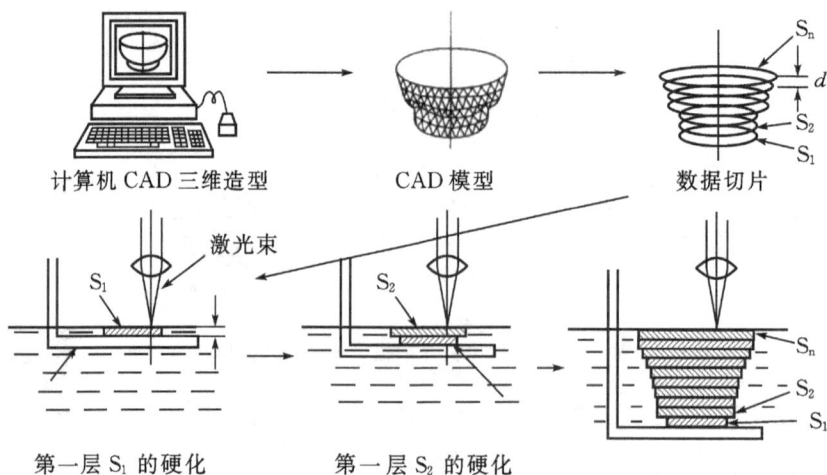

图 4-4 SLA 技术工作原理

该方法是目前世界上研究最深入、技术最成熟、应用最广泛的一种 3D 打印方法。目前,研究和开发 SLA 技术的有 3D System 公司、EOS 公司、F&S 公司、CMET 公司、D-MEC 公司、Teijin Seiki 公司、Mitsui Zosen 公司、华中科技大学、西安交通大学等。国内外研究者在 SLA 技术的成形机理、控制制件变形、提高制件精度等方面,进行了大量研究。

SLA 技术的优点如下:

①可成形任意复杂形状零件,包括中空类零件,零件的复杂程度与制造成本无关,且零件形状越复杂,越能体现出 SLA 的优势。

②成形精度高,制造精度可达±0.1mm。可成形精细结构,如厚度在 0.1mm 的薄壁、小窄缝等细微的结构;原型件的表面质量光滑良好。

③成形材料利用率高,接近 100%。

④成形件强度高,可达 40～50MPa,可进行切削加工和装配拼接。

SLA 技术使用的树脂材料价格较贵,适合于中、小尺寸塑料零件的快速制造,但也有其缺点:

①成形过程中有化学和物理变化,所以制件较易翘曲变形,尺寸精度不易保证,往往需要进行补偿、修正。另外树脂会吸收空气中的水分,导致原型件软薄部分的翘曲变形。

②必须对整个截面进行扫描固化,故成形时间较长。成形完成,从成形机上取出工件后,还需将工件放入大功率的紫外箱中进行后固化,以便得到完全固化的制件。

③在成形过程中,由于未被激光束照射的部分材料仍为液态,不能使制件截面上的孤立轮廓和悬臂轮廓定位。必须设计一些柱状或筋状支撑结构并在成形过程中制作这些支撑结构,以便确保制件的每一结构部分能可靠固定,同时也有助于减少制件的翘曲变形。

(2)薄材叠层制造技术(LOM)

LOM 技术的工作原理如图 4-5 所示。薄层材料(纸、塑料薄膜或复合材料)单面涂敷一层热熔胶,通过热压装置使材料表面达到一定温度,薄层之间粘合在一起。随后位于其上方的激光器按照 CAD 模型切片分层所获得的数据,将薄层材料切割出零件该层的内外轮廓。激光每加工完一层后,工作台下降相应的高度,然后再将新的一层薄层材料叠加在上面,重复前述过程。如此反复,逐层堆积生成三维实体。非原型实体部分被切割成网格,保留在原处,起支撑和固定作用,制件加工完毕后,可用工具将其剥离。

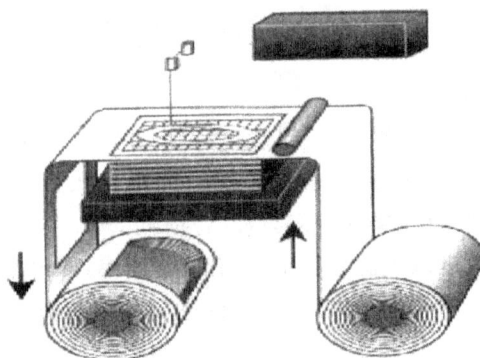

图 4-5　LOM 技术的工作原理

LOM 技术的技术特点如下:

材料适应性强,可切割纸、塑料、金属箔材及复合材料等;成形速率高,无需激光扫描整个模型截面,只要切出内外轮廓即可;成本低,LOM 成形机使用小功率 CO_2 激光器价格低廉且使用寿命长,造型材料一般用涂有热溶胶及添加剂的纸张,制件价格低;制件几何尺寸稳定性好,成形过程中无材料相变,内应力小,不存在收缩和翘曲变形;无需支撑设计,软件工作量小;制造精度可达 ± 0.1mm。

(3)激光选区烧结技术(SLS)

SLS 技术的工作原理如图 4-6 所示。该方法使用粉状材料作为加工物质,并用激光束分层扫描烧结。成形时,在事先设定的预热温度下,先在工作台上用辊筒铺一层粉末材料,然后,激光束在计算机的控制下,按照截面轮廓的信息,对制件的实心部分所在的粉末进行扫描,使粉末的温度升至熔点,于是粉末颗粒交界处熔化,粉末相互粘结,逐步得到各层轮廓。在非烧结区的粉末仍呈松散状,作为工件和下一层粉末的支撑。一层成形完成后,工作台下降一个截面层的高度,再进行下一层的铺料和烧结,如此循环,最终形成三维工件。三维工件完成后,未熔化的粉末可以被刷掉或刮离制件。研究和开发 SLS 技术的有 3D System 公司、EOS 公司、北京隆源公司、湖南华曙公司、华中科技大学、南京航空航天大学等。

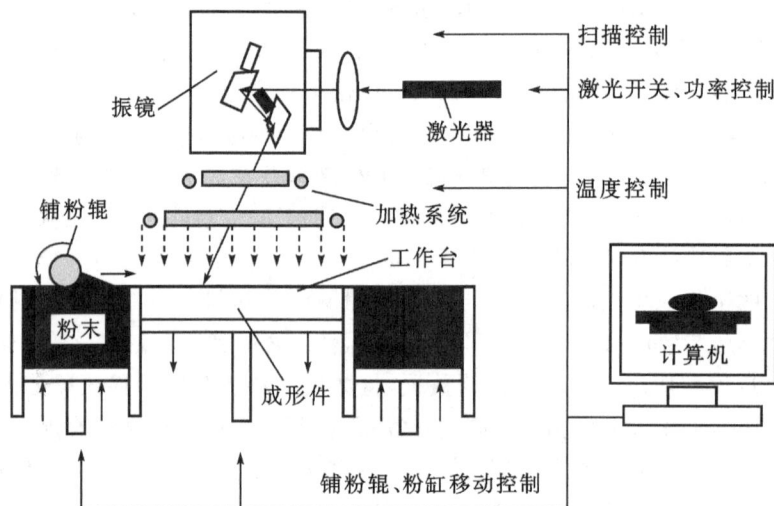

图 4-6 SLS 技术的工作原理

SLS 技术的技术特点如下:

①SLS 技术的材料非常广泛,理论上可以制成复合要求的粉末颗粒材料都可以用 SLS 成形,现在主要的 SLS 粉末材料包括 PS、PP、PC、PA、覆膜砂、覆膜陶瓷以及覆膜金属等材料。

②可成形任意复杂形状零件,零件的复杂程度与制造成本无关。

③成形过程中粉末材料可以起制成作用,无需制作支撑,成形材料利用率高,接近 100%。

④成形过程中需要预热,可以成形高温功能材料,如聚醚醚酮;可以成形铸造用蜡模、砂型(芯)。

SLS 技术使用的粉末材料选择比较广泛,但也有其缺点:

①成形过程中需要对粉末材料进行预热,预热温度场如果不均匀零件容易产生翘曲变形。

②由于原材料是粉状的,零件是由材料粉层经过加 1 热熔化实现逐层粘结的,因此,原型表面严格讲是粉粒状的,表面质量的好坏跟粉末颗粒大小密切相关,较粗糙。

③在成形如 PA、PEEK 等材料时，由于材料在高温下接触氧气容易老化，影响材料以及所制作零件的性能，所以需要在成形过程中通人保护气体，如氮气，并保证工作腔内较小的氧含量。

（4）丝材熔融挤出成形技术（FDM）

FDM 技术的工作原理如图 4-7 所示。采用丝状材料作为加工物质，喷头装置在计算机的控制下，可根据加工工件截面轮廓的信息做 X、Y 方向的平面运动，而工作台作息做 Z 方向（垂直高度）的运动。丝状热塑性材料（如塑料丝、蜡丝、聚烯烃树脂丝、尼龙丝、聚酰胺丝）由供丝机构送至喷头，并在喷头中加热至熔融态，然后被选择性地涂覆在工作台上，快速冷却后形成加工工件截面轮廓。当一层成形完成后，工作台下降一截面层的高度，喷头再进行下一层的涂覆，如此循环，最终形成三维产品。它与前三种工艺不同的是成形过程不需要激光器，设备价格便宜。

熔丝材料主要是 ABS、PLA、人造橡胶、铸蜡和聚酯热塑性塑料。1998 年澳大利亚的 Swinburn 工业大学，研究了一种金属—塑料复合材料丝。1999 年 Stratasys 公司开发出水溶性支撑材料，有效地解决了复杂、小型孔洞中的支撑材料难于或无法去除的难题。

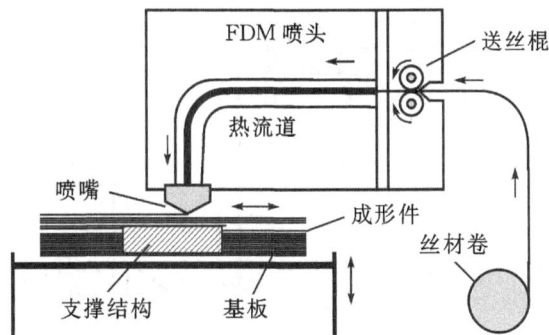

图 4-7　FDM 技术的工作原理

FDM 技术特点如下：

①使用和维护简单、安全，耗材成本也较其他 3D 打印技术要低。成本的相对低廉对 FDM 技术的推广很有利。

②材料的范围广泛，热塑性材料基本上均可应用。使用 PC. ABS 等材料时，打印出的模型强度已经接近普通注塑的零件，成本相对廉价。

③材料的包装形式为卷状的丝材，易搬运、保存，易堆叠存放，仓储成本较小。

④材料安全，尤其是目前大量使用的 PLA 材料，可以自然降解，不会对环境造成污染。

⑤材料利用率高，这是由它增材制造（3D 打印）的特点决定的。除必要的支撑外，几乎不会浪费材料，这也是增材制造相对传统的减材制造工艺的最大优势。

⑥成品处理简单，拆除支撑及打磨即可，不像有些 3D 打印工艺还需要进行进一步的固化处理，如 SLA 还需要高强度紫外光照射等。

而其也存在一些缺点：

①支撑去除较困难，而使用专用的支撑材料又提高了打印的成本和设备的购置成本。

②与 SLA、3DP 等工艺相比，精度较低，外表面有明显的台阶，而且在打印微小工件、多孔

洞工件及高精度工件时,效果明显不如 SLA、3DP 等工艺。

③成形速度相对 SLA、3DP 来说比较慢。

④由于其层积成形的特点,它层间的粘合力相对较弱,所以它在与成形方向垂直的方向上结构强度要小一些(相对减材制造而言,但是在很多应用上,它的强度是足以满足要求的)。

(5)三维印刷成形技术(3DP)

三维印刷成形技术(Three Dimension Printing,简称 3DP 技术)工艺与 SLS 工艺类似,采用粉末材料成形,如陶瓷粉末、金属粉末。所不同的是材料粉末不是通过烧结连结起来的,而是通过喷头用粘结剂(如硅胶)将零件的截面"印刷"在材料粉末上面,工作原理如图 4-8 所示。用粘结剂粘接的零件强度较低,还须后处理。先烧掉粘结剂,然后在高温下渗入金属,使零件致密化,提高强度。

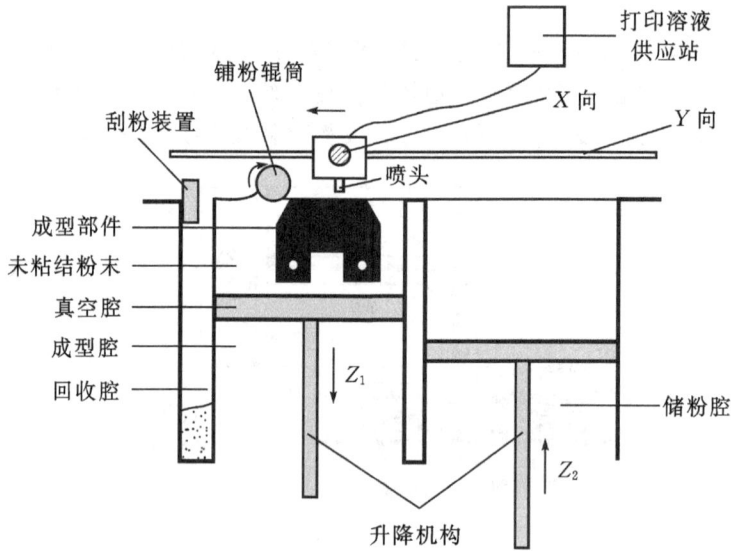

图 4-8　3DP 技术工作原理

该工艺已被美国的 Soligen 公司以 DSPC(Direct Shell Production Casting)名义商品化,用以制造铸造用的陶瓷壳体及芯子。

3DP 技术特点如下:

①设备成本低,不需要复杂昂贵的激光系统。

②成型速度快,成型喷头一般具有多个喷嘴,喷射粘结剂的速度比 SLS 或 SLA 单点逐行扫描速度快得多。

③成型材料价格低,适合用作桌面型的快速成型设备。

④在粘结剂中添加颜料,可以制作彩色原型,这是该工艺最具竞争力的特点之一。

⑤成型过程不需要支撑,没有被喷射粘结剂的地方为干粉,在成型过程中起支撑作用,且成型结束后,多余粉末的去除比较方便,特别适合于制作内腔复杂的原型。

而其也存在一些缺点:成型件的强度较低,只能制作概念性模型,而不能做功能性试验。

思考题

4－1　3D 打印国内外发展现状及发展趋势有哪些?

4－2　3D 打印技术的典型工艺有哪些?

4－3　简述 3D 打印技术各工艺的成型原理及特点是什么?

项目五 原型制作

教学导航

项目名称	项目五 原型制作	
教学目标	1.了解 3D 打印所用的材料及其性能； 2.了解各种成型方式所使用设备的种类及型号； 3.知道 WEEDO F152 型桌面级 3D 打印机的结构、技术参数，使用方法； 4.掌握 Cura Weedo 软件安装的方法、分层参数设置、生成 Gcode 代码及 X3G 文件 。	
教学重点	1.3D 打印所用的材料及设备； 2.使用 Cura Weedo 软件把 STL 文件进行分层，生成 Gcode 代码及 X3G 文件； 3.使用桌面级 3D 打印机打印模型。	

工作任务名称	主要教学内容	
	知识点	技能点
任务一 认识 3D 打印材料与设备	3D 打印所用的材料及设备；Cura Weedo 软件安装，成型方向设置、分层参数的设置、3D 打印机的使用。	能够在计算机上安装 Cura Weedo 软件，会对采集的三维数据 STL 文件进行切片，生成 Gcode 代码及 X3G 文件，能够使用桌面 3D 打印机制作烟灰缸。
任务二 使用桌面级 3D 打印机制作烟灰缸	成型方向设置、分层参数的设置、3D 打印机的使用。	能够使用桌面 3D 打印机制作手机烟灰缸。
教学资源	教材、视频、课件、设备、现场、课程网站等。	
教学（活动）组织	教师讲授 3D 打印使用的材料及设备，学生听讲。 教师讲授 WEEDO F152 3D 桌面级打印机的结构、技术参数，使用方法，学生听讲。 教师示范 Cura Weedo 软件安装的方法、分层参数设置、生成 Gcode 代码及 X3G 文件，学生观看。 学生安装 Cura Weedo 软件、分层参数设置、生成 Gcode 代码及 X3G 文件，教师指导。 教师示范使用桌面级 3D 打印机制作物体，学生观看。 学生分组，使用桌面级 3D 打印机制作烟灰缸制作，教师指导。 教师总结。	
教学方法	理实一体教学、案例教学等。	
考核方法	根据学生对烟灰缸制作情况进行现场评价。	

任务一 认识 3D 打印材料与设备

1. 3D 打印材料

（1）丝材

适用于 FDM 的丝材种类很多，大量热塑性材料均可作为打印材料使用。目前市场上较普遍能购买到的线材包括 ABS、PLA、PVA 等。其特点介绍如下：

①ABS。ABS(Acrylonitrile Butadiene Styrene)是目前产量最大、应用最广泛的聚合物，有着优良的力学、热学、电学和化学性能。ABS 三个字母分别代表丙烯腈、丁二烯、苯乙烯。它是一种综合性能良好的树脂，在比较宽广的温度范围内具有较高的冲击强度和表面硬度，热变形温度比 PA、PVC 高，尺寸稳定性好。ABS 有优良的力学性能，可在极低的温度下使用，其制品被破坏一般属于拉伸破坏，因其抗冲击性能优良。但 ABS 的弯曲强度和压缩强度属塑料中较差的。ABS 的电绝缘性较好，不受环境温度、湿度和频率的影响，可在大多数环境下使用。ABS 的化学性能表现在不受水、无机盐、碱醇类和烃类溶剂及多种酸的影响，但可溶于酮类、醛类及氯代烃。

作为 FDM 的打印材料，ABS 成型后表面光滑程度要好于 PLA，成型体强度和韧性也较好，但由于它的收缩率较高，成型时要求成型室保持 70℃ 左右的恒温，否则打印大型物体时易发生变形起翘及开裂；另外，它的打印温度应在 220℃ 以上，否则无法顺利挤出。它在加热时，会先转化为凝胶状再转化为液体，由于没有发生相变，ABS 不吸收喷嘴的热能，不容易造成喷嘴堵塞。

②PLA。PLA 即聚乳酸，是一种由玉米淀粉提炼的高分子材料，它是一种新型的生物降解材料，对人体无害。由于相容性和可降解性好，它在医药领域应用广泛。同时，它的机械性能及物理性能也较良好，是目前应用最广泛的 FDM 打印材料之一。

PLA 的打印温度应设置在 200℃ 以下。过高的温度会导致它碳化，堵塞喷嘴，造成打印失败。加热 PLA 时，它会直接从固化变为液体，因为有相变过程，它会较多吸收喷嘴的热能，喷嘴堵塞的可能性更大。

PLA 具有较低的收缩率，即使打印较大的模型，也不容易开裂，打印成功率更高。

③PVA。PVA 即聚乙烯醇，是一种有机化合物，固体，无味，可溶于 95℃ 以上热水。利用它的这个特性，FDM 打印中，多用它来打印支撑结构。打印完成后连同模型本体一起投入热水中，PVA 打印的支撑即溶解，然后将模型本体取出。可以保证复杂及细小孔洞的支撑结构溶解完全，模型表面效果比直接手工清除支撑效果要好，且更方便快捷。

④Nylon(尼龙)。尼龙部件具有 FDM 热塑性材料中最好的坚韧度，其断裂延伸率比其他增材制造技术高出 100%～300%，并拥有更出色的抗疲劳性。在所有 FDM 热塑性塑料中，尼龙具有最佳的 Z 轴层压、最高的冲击强度，以及出色的化学抗性。

⑤木质材料。木质线材使用木粉作为主要的原料，由木粉与聚合物粘合剂组成，PX 可以让打印的物体从视觉和嗅觉上都和真实木料一致，广泛适合于各种 FDM 桌面级 3D 打印机。它还可以根据挤出头温度的不同改变颜色，因此可以通过调整挤出头的温度来做出从亮到暗的自然纹理效果。而且木质材料没有缩水变形问题，更容易打出完美的产品。

随着 FDM 技术的推广，也不断有各种新型 FDM 线材(包括碳纤维、橡胶等等)推出，它们与 FDM 3D 打印机一起,在各种工业、创意设计等领域日益起着越来越重要的作用。

(2)金属粉末材料

SLM 技术的特征是材料的完全熔化和凝固。因此,其主要适合于金属材料的成形,并且其优点之一就是能够利用大部分金属材料,包括纯金属材料,合金材料,以及金属基复合材料等。SLM 成形材料的研究是目前 3D 打印材料研究的热点,下面对常用的 SLM 成形材料作一简单介绍。

①铁基合金。其中,主要研究的铁基合金包括 Fe-C,Fe-Cu,Fe-C-Cu-P,不锈钢和 M-2 高速钢。比利时鲁汶大学的 Kruth 教授研究了 SLM 成形 Fe-20Ni-15Cu-15Fe_3P 混合粉末,因为 Fe_3P 或 Cu 能够降低工艺所需的能量密度,此外 P 能降低熔池表面张力,提高熔池的润湿性及抗氧化性,Ni 能够提高硬度和强度;实验表明此铁基粉末获得良好的成形性能:成形面呈均匀鱼鳞状,基本未出现球化现象,成形件的致密度达 91%,弯曲强度达到 630Mpa。瑞典卡尔斯塔德大学的 Y. Wang 学者采用自己制备的 Fe-29Ni-8.3Cu−1.35P 粉末进行了激光烧结研究,并取得了良好的效果:成形件致密度达 97.4%,上表面粗糙度 18.2μm,侧表面粗糙度 12.6μm。英国利物浦大学的 Morgan 和 W O Neill 学者系统研究了 316L 不锈钢粉末 SLM 成形件的致密度,并通过分析达到了 99% 的致密度;激光重熔 H13 工具钢,致密度有 84%。英国埃克塞塔大学的系统地研究了 316L 不锈钢粉末和 HA(羟基磷灰石)复合材料 SLM 成形,并得出结论:成形的人工植入体与人体骨骼性能接近。法国 ENISE,DIPI 实验室的 Averyanova 学者研究了 SLM 成形 17−4PH 沉淀硬化不锈钢的工艺参数优化,为成功制造实体零件奠定基础。除此之外,国内外还有很多学者对上 304L 不锈钢等材料进行了 SLM 成形研究。

②钛及钛合金。其显著的重量轻、强度高、韧性好、耐腐蚀等特点,广泛应用于医疗器械、化工设备、航空航天及运动器材等领域。钛是同素异构体,熔点为 1668℃,在低于 882℃时呈密排六方晶格结构,称为 α 钛;利用钛的上述两种结构的不同特点,添加适当的合金元素,使其相变温度及相分含量逐渐改变而得到不同组织的钛合金(titanium alloys)。室温下,钛合金有三种基体组织,α 合金,(α+β)合金和 β 合金。目前 SLM 成形钛合金的种类主要集中在纯 Ti,Ti6A14V 和 Ti-6AI-7Nb 合金粉末,主要应用于航空航天件,人工植物体(如骨骼,牙齿等)。

(3)镍基合金。例如,镍基高温合金可以用在航空发动机的涡轮叶片与涡轮盘。常用的 SLM 镍基合金主要有 Inconel 625、Inconel 718 及 Waspaloy 合金等。美国田纳西大学的 K. N. Amato 研究了 SLM 成形 Inconel 718 圆柱件,未后处理、HIP 处理及热处理后的维氏硬度分别是 3.9Gpa、5.7GPa 及 4.6Gpa。中国华中科技大学光电实验室的王泽敏研究了 Inconel 718 的 SLM 成形,未处理的、热处理的 $\sigma_{0.2}$ 分为 900Mpa 和 llOOMpa。英国拉夫堡大学的 Mumtaz 学者分别研究了 Waspaloy 合金和 Inconel 合金的 SLM 成形,通过工艺参数的优化,成形件致密度达到了 97%。法国圣太田国立工程师学院 I. Yadroitsev 学者研究了 Inconel 625 合金的成形,得到了带有内螺旋管道的零件。英国利物浦大学对 NiTi 记忆合进行了研究,为 MEMS 电子制造奠定了基础。华南理工的杨永强教授用 SLM 技术成形 NiTi 形状记忆合金,为镍基合金在更新的领域应用开辟了研究方向。

④铝合金。作为轻金属材料,以其优良的物理、化学和机械性能,在航空航天、高速列车及轻型汽车等领域获得了广泛应用。德国亚琛工业大学的 Buchbinder 等采用高功率激光成形

了致密度达 99.5％,抗拉强度达 400Mpa 的铝合金零件。英国利物浦大学的 Elefterios 等对 SLM 成形铝合金过程中氧化铝薄膜产生的机理进行了详细阐述,重点分析了氧化铝薄膜对熔池与熔池层间润湿特性的影响规律。EADS 的 Erhard Brandl 等研究了 AISilOMg 合金的 SLM 成形工艺,分析了 SLM 成形零件的微观结构、高循环失效及断裂行为等。结果认为在对基板加热时得到的成形件抗失效性能强于室温下的成形件。比利时鲁汶大学的 K. Kempen 等对两种不同类型的 AISilOMg 粉末进行了 SLM 成形试验研究;通过优化工艺参数(扫描速度、扫描间距和激光功率),最终获得了 99％致密度和约 20μm 表面粗糙度的成形性能;分析发现粉末形状、粒径及化学成分对成形质量产生重要影响。英国利兹大学的 Olakanmi 等研究了 SLM 成形 Al－12Si 零件的致密机理和组织演变规律,认为工艺参数(如功率密度)对形成孔隙率及孔的方向产生决定性作用。

⑤铜合金。因其具有良好的导热、导电性能,和较好的耐磨与减磨性能,在电子、机械、航空航天等领域得到了广泛的应用。但是,铜粉具有较高的反射率,加上铜粉容易氧化,从而向铜粉里添加元素对于 SLM 的成形至关重要;向铜粉里添加 P 元素形成 CuP 有利于熔池的流动,从而减少球化现象的产生,由于 CuSn 的熔点较低因此常用作粘接剂。南京航空航天大学的顾冬冬教授对 Cu 基合金的激光选区烧结及熔化做了深入的探索,深入研究了铜基合金的冶金机理以及合金元素对球化现象的影响机理。

(3)液态树脂材料

在光能的作用下会敏感地产生物理变化或化学反应的液态树脂一般称之为光敏树脂。在光能的作用下既不溶于溶剂,又能从液体转变为固体的树脂称之为光固化树脂。用于 SLA 技术的光固化树脂必须满足以下条件:

①固化前性能稳定,可见光照射下不发生化学反应。

②黏度低。由于是分层制造技术,光敏树脂进行的是分层固化,就要求液体光敏树脂黏度较低,从而能在前一层上迅速流平,而且树脂黏度低,可以缩短模具的制作时间,同时还给设备中树脂的加料和清除带来便利。

③光敏性好。对紫外光的光响应速率高,在光强不是很高的情况下能快速固化形。

④固化收缩小。特别要求在后固化处理中收缩要小,否则会严重影响模具的精度。

⑤溶胀小。由于在成形过程中,固化产物浸润在液态树脂中,如果固化物发生溶涨,将会使模具产生明显形变。

⑥半成品强度高,以保证后固化过程不发生形变、膨胀、出现气泡及层分离等。

⑦最终固化产物具有较好的机械强度,耐化学试剂,易于洗涤和干燥,并具有良好的热稳定性。

⑧毒性小,3D 打印若需要在办公环境中完成,对单体或预聚物的毒性,和对大气的污染需有严格要求。

光固化树脂是一种由光聚合性预聚合物(Pre－Polymer)或齐聚物(oligomer)、光聚合性单体(monomer)以及光聚合引发剂等为主要成分组成的混合液体,主要成分有齐聚物(oligomer)、丙烯酸酯(acrylate)和环氧树脂(epoxy)等种类,它们决定光固化产物的物理特性。由于齐聚物的黏度一般很高,因此要将单体作为光聚合性稀释剂加入其中以改善树脂整体的流动性。在固化反应时单体也与齐聚物的分子链反应并硬化。体系中的光聚合引发剂,能在光能的照射下分解,成为全体树脂聚合开始的"火种"。有时为了提高树脂反应时的感光度还要加入增感剂,其作用是扩大被光引发剂吸收的光波长带,以提高光能的效率。此外,体系中还要加入消泡剂、稳定剂等。根据光固化树脂的反应形式,可分为自由基聚合和阳离子聚合两种类型。

自由基聚合类型主要以丙烯酸系树脂为主体。对于丙烯酸树脂系,要解决丙烯酸单体的异臭、对人的刺激性和溶解在树脂中的氧阻碍固化等问题。

与以自由基机理发生光固化反应的丙烯酸酯类相比,阳离子光敏树脂具有以下特点:①固化收缩小,成品准确性高;②阳离子聚合是活性聚合,在光源熄灭后可继续引发聚合;③在阳离子聚合中,由于不存在氧的阻聚作用,树脂不怕氧气;④黏度低;⑤半成品强度较高,便于后处理;⑥成品可直接用于注塑模具。正是由于这些优点,近年来阳离子光敏树脂发展很快。

阳离子聚合用齐聚物,最通用的是环氧树脂。环氧树脂主要包括以下四种类型:①双酚 A 环氧树脂:它的优点是具有良好的耐热性、耐化学腐蚀性、价格便宜且具有很好的力学性能,缺点是它本身黏度太大,而且光固化速度很慢。②酚醛环氧树脂:它的优点是具有很好的耐冲击性、耐热性、耐化学、腐蚀性;缺点是耐候性和柔软性较差,黏度也较高。③脂肪族环氧树脂:它的优点是光固化速度较快、粘度较低,可以有效地降低整个光固化体系的黏度,增加流平性,这使得它在激光快速成形系统中应用前景看好。其缺点是固化膜力学性能较差。④脂肪族环氧化合物:这类环氧树脂的优点是固化快、黏度低,可以充当稀释剂使用。

除上述两种树脂外,还有一类兼具自由基型和阳离子型光敏树脂二者优点的树脂—混杂型光敏树脂。在该类树脂中,以丙烯酸酯与环氧树脂为混合单体(或齐聚物),采用碘翁盐或硫翁盐与自由基引发剂共同引发的混杂聚合体系,此体系在光的照射下,可同时产生阳离子和自由基,从而引发体系聚合,得到光固化产物。对这类混杂光敏体系,通过选择单体和齐聚物的种类和比例,可控制体系的固化速度,改善粘流性能,提高附着力和机械性能,得到物理性能和化学性能均优良的光固化树脂和具有互穿网络结构的聚合物材料。

随着现代科技的进步,SLA 技术得到了越来越广泛的应用。为了满足不同需要,对树脂的要求也随之提高。例如,利用丙烯酸单体和不饱和聚酯制备出的具有互穿网络结构的高分子合金;将羟基氟化物(Hydroxyflourones)和呫吨(Xanthenes)等两种物质引入到光固化体系的配方中,制得新型光敏树脂,该树脂光固化后,得到的模型可以应用于汽车工业、玻璃工业及医疗设备中;还可以将陶瓷粉末加入到用于 UV 固化的溶液中,同样可以获得光固化制件。

(4)薄层材料

由于 LOM 技术的成形材料为薄层材料,目前商品化的成形机多使用纸张作为原材料,少数使用塑料薄膜、金属箔材、陶瓷片材及复合材料等。本书主要以纸张为例进行阐述。

纸材的结构特点是:①纸材的结构基础是植物纤维;②多毛细孔特性使纸材具有透气性、吸湿性、水分变化时的变形等;不同的纸材,其机械强度和其他性质的结合力也不同。

根据 LOM 工艺造型需要,希望所使用的纸材具备以下性质:

①具备一定的抗湿性和表面致密度,经过表面涂覆热熔胶的纸不仅会提高纸材抗湿性,保证纸原料(卷轴纸)不会因保存时间长而吸水,而且可以有效防止热熔胶在热压过程中渗入纸材内部,从而保证在同样工艺条件下,防止层与层之间粘结不牢和因水分的损失产生变形的弊端。

②良好的润湿性,保证良好的涂胶性能。

③具备一定的抗拉强度,保证在成形过程中不会出现断纸。

④收缩率小,保证热压过程中不会因部分水分损失而导致变形。

⑤可剥离性能好,易打磨,表面光滑。

胶版纸比牛皮纸表面致密、光滑、纤维细且短,强度高,在同样的工艺条件下,制造成的原型具有粘结强度高、表面质量好、变形小和抗湿能力强等优点。但是,无论是使用牛皮纸还是胶版纸制成的原型,都需要进行表面后处理,才能更好地满足零件或模具制造的需要。

2. 3D 打印设备

3D 打印设备的研究与开发是 3D 打印技术的重要部分,各种 3D 打印设备可以说是相应的 3D 打印工艺方法以及相关材料等研究成果的集中体现,3D 打印设备系统的先进程度是衡量其技术发展水平的标志。随着 1988 年 3D Systems 公司推出第一台光固化成型商品化设备 SLA-250 以来,世界范围内相继推出了和 3D 打印工艺方法相对应的多种商品化设备和实验室阶段的设备。目前,商品化比较成熟的设备有光固化成型设备、叠层实体制造设备、熔融沉积制造设备、选择性激光烧结成型设备、金属粉末激光熔化成型设备、3D 打印喷涂设备等。上述这些比较成熟的商品化设备系统的销售量早期均以 50% 左右的速度在逐年递增,标志着以 3D 打印技术为主的 3D 打印工艺自出现以来就受到了广泛认可和迅速应用。

(1)箔材粘接成型 3D 打印机

目前开发成功的用于 3D 打印的箔材主要有纸材和 PVC 薄膜,相对应的成型工艺为叠层实体制造工艺(LOM)。目前研究叠层实体制造成型设备的单位有美国的 Helisys 公司,日本的 Kira 公司、Sparx 公司,以色列的 Solido 公司,新加坡的 Kinergy 公司以及国内的华中科技大学和清华大学等。

Helisys 公司的技术在国际市场上所占的比例最大。1984 年,Michael Feygin 提出了分层实体制造的方法,并于 1985 年组建 Helisys 公司,1992 年推出第一台商业机型 LOM-1015(台面 380×250×350mm)后,又于 1996 年推出台面达 815×550×508mm 的 LOM-2030 机型,其成型时间比原来缩短了 30%,如图 5-1 所示。Helisys 公司除原有的 LPH、LPS 和 LPF 三个系列纸材品种以外,还开发了塑料和复合材料品种。软件方面 Helisys 公司开发了面向 Windows NT4.0 的 LOMSlice 软件包新版本,增加了 STL 可视化、纠错、布尔操作等功能,故障报警更完善。

图 5-1　Helisys 公司的 LOM-2030 机型

日本 Kira 公司的 PLT-A4 机型采用了一种超硬质刀切割和选择性粘接的方法。以色列的 Solido 公司推出的 SD300 型成型机类似于一台 3D 打印机,具有 USB 接口,可以置于办公台面上,如图 5-2 所示。使用的材料为工程塑料薄膜,制作的模型呈透明的琥珀色,其最小壁厚可达 1.0mm。图 5-3 给出了 SD300 PVC 薄膜打印机配置的耗材及制作的模型。

国内华中科技大学研制的 HRP 系列箔材叠层成型机,如图 5-4 所示。

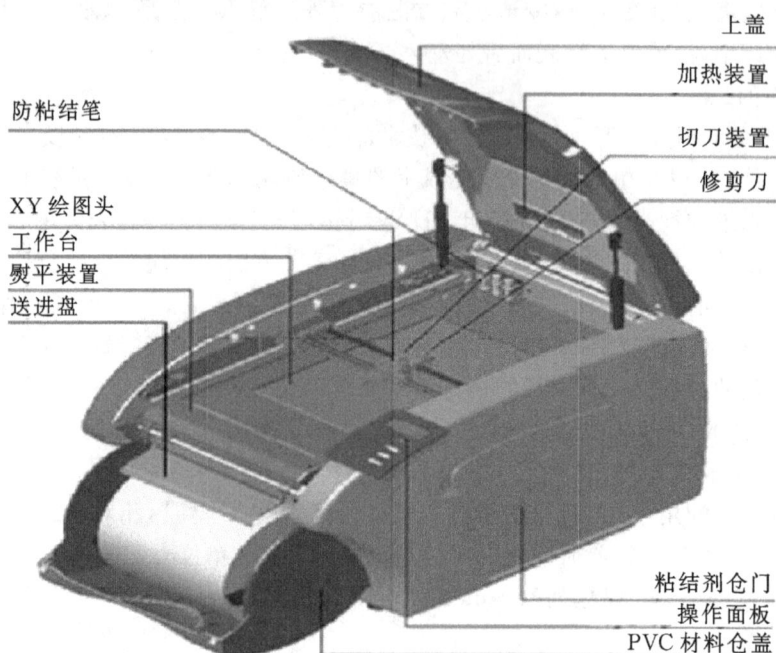

图 5-2　Solido 公司开发的 SD300 型 3D 打印机

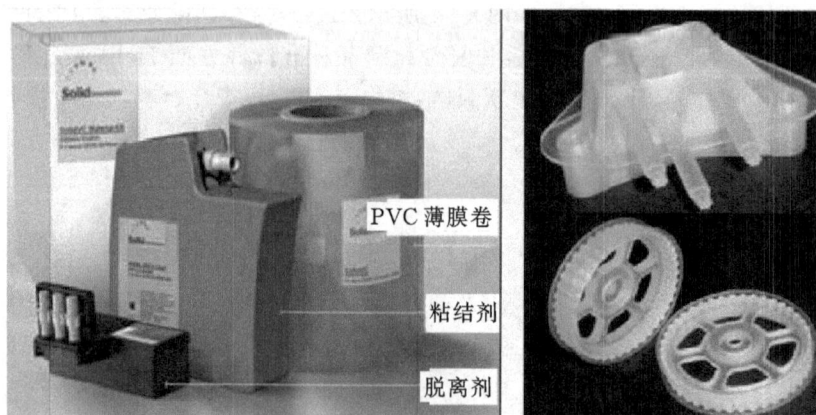

图 5-3　SD300 PVC 薄膜打印机配置的耗材及制作的模型

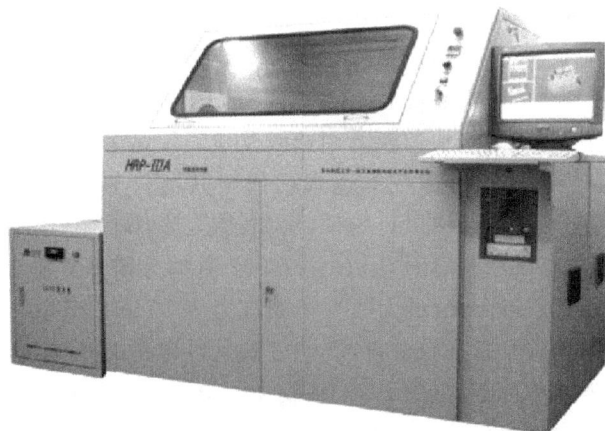

图 5-4　HRP 系列箔材叠层成型机

（2）光固化成型 3D 打印机

20 世纪 70 年代末到 80 年代初期，美国 3M 公司的 Alan J. Hebert(1978 年)、日本的小玉秀男(1980 年)、美国 UVP 公司的 Charles W Hull (1982 年)和日本的丸谷洋二(1983 年)，在不同的地点各自独立地提出了快速成型的概念，即利用连续层的选区固化产生三维实体的新思想。Charles W Hull 在 UVP 的继续支持下，完成了一个能自动建造零件的，被称为 SLA-1 的完整系统。同年，Charles W Hull 和 UVP 的股东们一起建立了 3D Systems 公司，并于 1988 年首次推出 SLA-250 机型，如图 5-5 所示。

目前，研究光固化成型(SLA)设备的单位有美国的 3D Systems 公司、Aaroflex 公司，德国的 EOS 公司、F&S 公司，法国的 Laser 3D 公司，日本的 SONY/D-MEC 公司、Teijin Seiki 公司、Denken Engieering 公司、Meiko 公司、Unipid 公司、CMET 公司，以色列的 Cubital 公司以及国内的西安交通大学、上海联泰科技有限公司、华中科技大学等。

在上述研究 SLA 设备的众多公司中，美国 3D Systems 公司的 SLA 技术在国际市场上占的比例最大。3D Systems 公司在继 1988 年推出第一台商品化设备 SLA-250 以来，又于 1997 年推出了 SLA250HR、SLA3500、SLA5000 三种机型，在光固化成型设备技术方面有了长足的进步。其中，SLA3500 和 SLA5000 使用半导体激励的固体激光器，扫描速度分别达到 2.54m/s 和 5m/s，成层厚最小可达 0.05mm。此外，还采用了一种称为 Zephyer 再涂层系统 system 的新技术。该技术是在每一成型层上，用一种真空吸附式刮板在该层上涂一层 0.05～0.1mm 的待固化树脂，使成型时间平均缩短了 20％的 SLA3500 和 SLA5000 两种型号设备如图 5-6 和图 5-7 所示。该公司于 1999 年推出 SLA7000 机型，如图 5-8 所示。SLA7000 与 SLA5000 机型相比，成型体积虽然大致相同，但其扫描速度却达到了 9.52m/s，平均成型速度提高了 4 倍，成型层厚最小可达 0.025mm，精度提高了 1 倍。3D Systems 公司推出的较新的机型还有 Vipersi2 SLA(见图 5-9)及 Viper Pro SLA 系统。Viper Pro SLA 系统装备了 2000mW 激光器，激光扫描最大速度可达 25m/s，升降台的垂直精度为 0.001mm，有三种规格的最大成型尺寸，分别为中等尺寸(Medium size)的 650mm×350mm×300mm、大型尺寸(Large size)的 650mm×750mm×550mm 及超大尺寸(Extra large size)的 1500mm×750mm×500mm。3D Systems 公司 Viper Pro SLA 机型如图 5-10 所示。3D Systems 公司最新推出的机型为 iPro 系列,型号有 iPr08000、iPr08000MP、iPr09000 与 iPr09000XL 等,可更换不同尺寸的液槽以满足不同建造空间的需要。目前,3DSystems 公司又推出一款全新 ProJet 3510(见图 5-10)、ProJet® 6000 和 7000 SLA 3D 打印机系列,这种系列的打印机体积小巧,所打印出的零件可用于原型制作、快速模具制造以及最终用途,不仅具有精密的特征细节和卓越的机械属性,而且每个零件的打印成本也远远低于其他打印技术。特别指出的是 ProJet 7000 SD 是专门用于生产要求严苛的 3D 物件,例如:航太零件、汽车零组件、重型物件、特殊设计件等,其打印分辨率最高可达到每吋 0.001~0.002 吋的分辨率并高速打印,成型精度为每 25.4 mm 零件为 0.025~0.05 mm,最大成型体积都为 380mm×380mm×250 mm,成型材料采用种类齐全的 VisiJet® 高性能工程材料,这些材料在耐高温、抗拉伸强度以及抗衝击强度方面达到其至超越传统塑料的性能,如图 5-11 所示。

图 5-5　3D Systems 公司的 SLA-250 机型

图 5-6　3D Systems 公司的 SLA-3500 机型

图 5-7　3D Systems 公司的 SLA-5000 机型

图 5-8　3D Systems 公司的 SLA-7000 机型

图 5 - 9　3D Systems 公司的 Viper Pro 机型

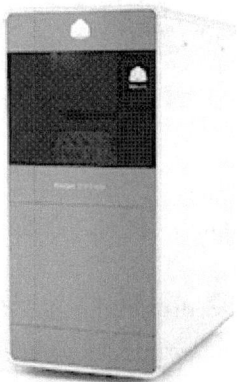

图 5 - 10　3D Systems 公司的 ProJet 3510 机型

图 5 - 11　3D Systems 公司的 ProJet 7000 SD 机型

　　国内西安交通大学、浙江先临三维等多家单位在光固化成型技术、设备、材料等方面进行了大量的研究工作,推出了自行研制与开发的多种机型。例如,西安交通大学研制的 SPS600 和 LPS600 等 3D 打印机,如图 5 - 12 所示。先临三维旗下控股子公司北京易加三维科技有限公司研发的 iSLA - 350、iSLA - 450、iSLA - 650 等系列光固化成型 3D 打印机。它主要优点是成型精度高 0.05～0.2mm,自适应分层,有效提高成型精度及减少后处理工作量,紫外激光自动检测聚焦,光斑直径可小于 0.15mm;

　　振镜精度自动标定,保证更好的成型质量;成型细节好,表面光洁度高(表面 Ra 小于 0.1um),可制作任意复杂结构的零件(如空心零件),负压吸附式刮板,涂层均匀可靠;高度自动化、智能化成型过程高度自动化,后处理简单,在同一局域网内,可以实现远程监控,语音控制,短信提醒,激光在线测量,工艺参数全自动设置,扫描路径自动化,液位自动控制等。

图 5-12　西安交通大学 LPS-600 机型　　　　图 5-13　iSLA-650PrO 机型

(3)熔丝沉积成型 3D 打印机

供应熔丝沉积制造（FDM）设备的单位主要有美国的 Stratasys 公司、3D Systems 公司、MedModeler 公司以及国内的清华大学等。

Stratasys 公司的 FDM 技术在国际市场上所占比例较大。Scott Crump 在 1988 年提出了熔融沉积（FDM）的思想，并于 1991 年开发了第一台商业机型。Stratasys 公司于 1993 年开发出第一台 FDM1650（台面为 $254 \times 254 \times 254mm$）机型，如图 5-14 所示。

图 5-14　Stratasys 公司的 FDM-1650 机型

Stratasys 公司又先后推出了 FDM 2000、FDM 3000 和 FDM 8000 机型。其中 FDM 8000 的台面达 $457mm \times 457mm \times 609mm$。引人注目的是 1998 年 Stratasys 公司推出的 FDM

Quantum 机型,最大成型尺寸为 600mm×500mm×600mm,如图 5-15 所示。由于采用了挤出头磁浮定位系统,可在同一时间独立控制两个挤出头,因此其成型速度为过去的 5 倍。同年 Stratasys 公司与 MedModeler 公司合作开发了专用于医院和医学研究单位的 MedModeler 机型,使用 ABS 材料,并于 1999 年推出可使用聚酯热塑性塑料的 FDMGenisys 型改进机型 FDM Genisys Xs,其成型体积达 305mm×203mm×203mm,如图 5-16 所示。

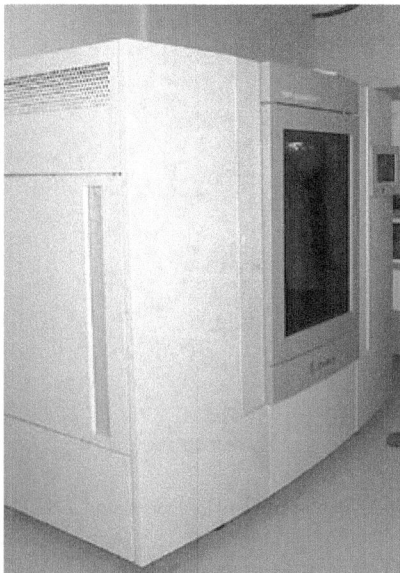

图 5-15 Stratasys 公司的 FDM-Quantum 机型

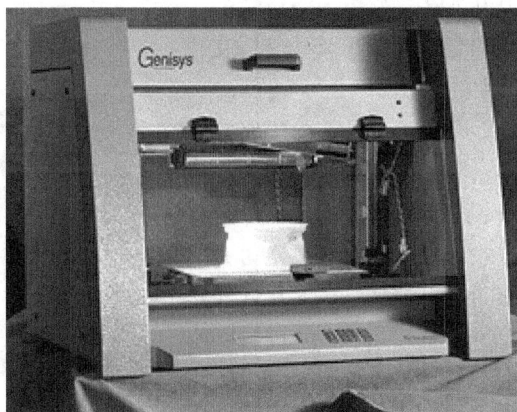

图 5-16 Stratasys 公司的 FDM-Genisys Xs 机型

由于在几种常用的 3D 打印设备系统中,唯有 FDM 系统可以成为办公室使用的产品。为此,Stratasys 公司专门成立了负责小型机器销售和研发的部门——Dimension 部门,目前已经推出了 Dimension BST768、Dimension BST1200、Dimension SST768、Dimension SST1200 及 Dimension Elite 系列 3D 打印设备。BST768 为 Dimension 系列产品中的入门级机型,该机型最大成型尺寸为 203mm×203mm×305mm,该套设备采用 BST 技术(剥离式支撑技术),在打印完毕之后只需要用工具将支撑材料移除即可得到模型。免去了其他技术中除尘、固化等后期工序,能够为使用者提供更大的便捷。BST1200 是 BST768 机型的升级产品,成型的最大尺寸提高到 254mm×254mm×305mm,比 BST768 机型增加了近 56% 的空间,成型速度也有所加强,平均节省 10%~20% 的时间。在内部结构上则采用了分体式喷嘴,打印时喷嘴的切换均由自动感应器完成,原先的手动校正也改为自动校正系统,维护成本较 BST768 机型有了较大幅度的下降。Stratasys 公司 Dimension BST768 和 Dimension BST1200(见图 5-17)两种机型。

图 5-17　Stratasys 公司的 Dimension BST1200 机型

美国 Stratasys 公司是丝材熔融沉积成型设备的著名厂商,多年来在 FDM 机型开发上具有绝对优势。近年来,在小型桌面打印机盛行的形势下,Stratasys 公司也适时推出基于 FDM 建造方式的个人打印机,其机型有 Mojo、uPrint 等。

Mojo 使用的材料为乳白色 P430 ABS 丝材,支撑材料为可溶的 SR-30,模型的最大尺寸为 127mm×127mm×127mm,层厚为 0.178mm,机型外形尺寸为 630mm×450mm×530mm。可清洗最大尺寸为 127mm×127mm×127mm 的模型,也就是 Mojo 打印机的最大成型尺寸。图 5-18 为 Stratasys 公司开发的桌面个人打印机 uPrint 机型。uPrint 个人打印机使用的 ABS 丝材有多种颜色,如乳白色、白色、蓝色、黄色、黑色、红色等,支撑材料同样为可溶材料,模型的最大尺寸为 203mm×152mm×152mm,层厚为 0.254mm,机型外形尺寸为 635mm×660mm×787mm,质量为 76kg。图中同时给出了 uPrint 打印机用的丝材、后处理机及打印完成的成品。

图 5-18　Stratasys 公司的 uPrint 机型

目前美国 Stratasys 公司还开发了 Fortus 380/450/900mc 系列 3D 打印机(图 5-19)。Fortus 系列打印机制造系统可构建耐用、精确、可重复的零件,最大尺寸可达 914mm×610mm×914mm(36 英寸×24 英寸×36 英寸),具有两个材料仓,最大程度地延长了无人值守构建时间;模型材料采用生产级别的 ABSplus 热塑塑料,该材料提供九种颜色供选择,这样将在外观和耐用性上忠实反映成品的特征,支撑结构采用非手工去除的可溶性支撑结构,便于制作具有复杂几何形状和扭曲空洞的零件。

国内清华大学研制的熔融挤压沉积成型(Melted Extrusion Modeling,MEM)设备也有其独特的特点,MEM 机型侧重于特殊的喷嘴和设备的开发,成卷轴状的丝质原材料通过加热喷头挤出,原型在一个垂直上下移动的底座上逐层制造出来。该设备采用先进的喷嘴设计(包括丝质材料加热、挤出、输入和控制),起停补偿和超前控制,保证了熔化材料的堆积精度;采用了先进、独特的悬挂式装置,因而机床具有良好的吸振性能,扫描精度也大大提高,性能可靠,稳定性好;由于未采用激光,因此它的运行费用在所有的同类设备中是较低的;该设备无噪声,对环境无污染。

图 5-19　Stratasys 公司的 Fortus 450 机型

(4)粉末激光烧结成型 3D 打印机

研究粉末激光烧结成型设备的单位有美国的 DTM 公司、3D Systems 公司,德国的 EOS 公司以及国内的华中科技大学、北京隆源公司及中北大学等。

1986 年,美国 Texas 大学的研究生 C·Deckard 提出了选择性激光烧结(SLS)的思想,稍后组建了 DTM 公司,于 1992 年推出 SLS 成型机。DTM 公司于 1992 年、1996 年和 1999 年先后推出了 Sinterstation2000、2500 和 2500Plus 机型,如图 5-20 所示。其中 2500Plus 机型的成型体积比过去增加了 10%,同时通过对加热系统的优化,减少了辅助时间,提高了成型速度。

图 5-20　DTM 公司的 Sinterstation2500 机型

德国 EOS 公司基于 SLS 原理开发了用于塑料粉末烧结成型的系列设备,型号分别为 FORMIGA Pll0、EOSINT P395、EOSINT P760、EOSINT P800,以及 EOS M100/M290/M400 等系列的金属 3D 打印机,如图 5-21 所示。

3D Systems 公司在以 SLA 设备占据绝对优势的同时,近年来也推出了基于 SLS 的 3D 打印设备,其型号有 ProX 300 和 ProX 500 等系列 3D 打印机。ProX 500 3D 打印机成型尺寸为 381mm×330mm×457mm (15 英寸×13 英寸×18 英寸),是最新先进的选择性激光烧结 (SLS)量产 3D 打印机,将 SLS 技术的韧性、零件质量和经济化制造带入了新的阶段,该机配备成熟自动化生产模式、移动生产控制以及材料循环功能,因此回报速度更快,能够生产各种最终用途和功能性原件,应用领域包括航空航天、医学、工业设计等。

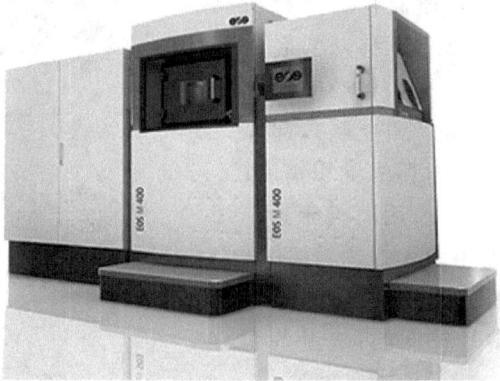

图 5-21　德国 EOS 公司的 EOS M400 机型

国内华中科技大学、北京隆源自动成型系统有限公司、先临三维等公司多年来一直致力于粉末激光烧结设备。如北京隆源自动成型系统有限公司早在 1994 年便在国内率先推出国内首台 SLS 设备 AFS-360。2005 年推出 AFS-500 机型(见图 5-22)。2008 年推出 AFS-700 机型,该机型是当时成型尺寸最大的 SLS 机型。2010 年该公司成功开发专门面向铸造砂型制造的 LaserCore5300 机型,最新推出的机型为 LaserCore7000(见图 5-23)。先临三维研发的 EP-M100T 金属 3D 打印机(见图 5-24),该打印机利用较小功率激光直接熔化单质或合金金属粉末材料,在无需刀具和模具条件下成形出任意复杂结构和接近 100% 致密度的金属零件;利用粉末材料叠层成形,材料利用率超过了 90%,特别适合于钛合金、镍合金等贵重和难加工金属零部件的成形制造,在医疗、珠宝手饰、教育等领域具有广泛的应用前景。

图 5-22　AFS-500 机型

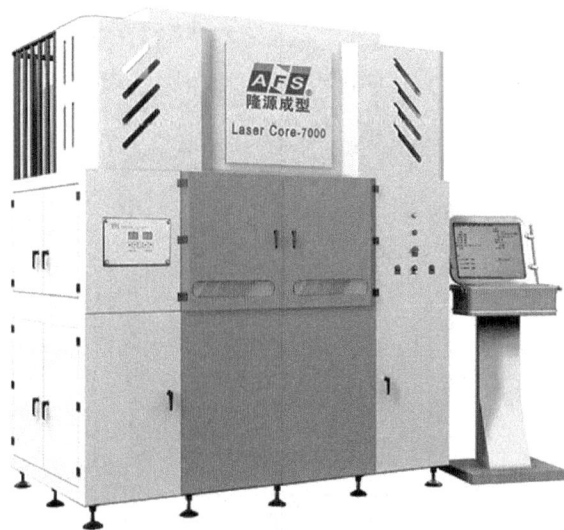

图 5 - 23　LaserCore7000 机型

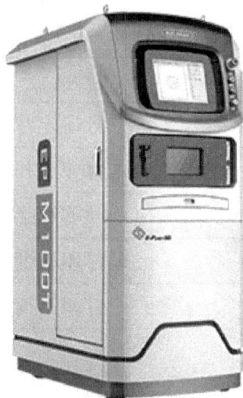

图 5 - 24　EP-M100T 机型

任务二　使用桌面级 3D 打印机制作烟灰缸

1. 认识桌面级 3D 打印机(FDM)

桌面式 3D 打印机(FDM),是相对于工业级 3D 打印机来说的。它的价格远低于工业级 3D 打印机,但是精度比工业级 3D 打印机要差,材料受限制较大,目前主要是 PLA,ABS 等热塑性材料,体积往往也较工业级 3D 打印机小很多,可以放在桌面上打印,这也是它名称的由来。由于桌面式 3D 打印机(FDM)的购买及使用成本远低于工业级 3D 打印机,对于小型或个人设计工作室,精度要求不高的工业手板及创意模型的制作,还是很有意义的。

下面我们以江苏威宝仕科技有限公司生产的 WEEDO F152　3D 打印机为例来给大家介绍一下桌面式 3D 打印机,图 5 - 25 所示。打印机的技术参数,如表 5 - 1 所示。

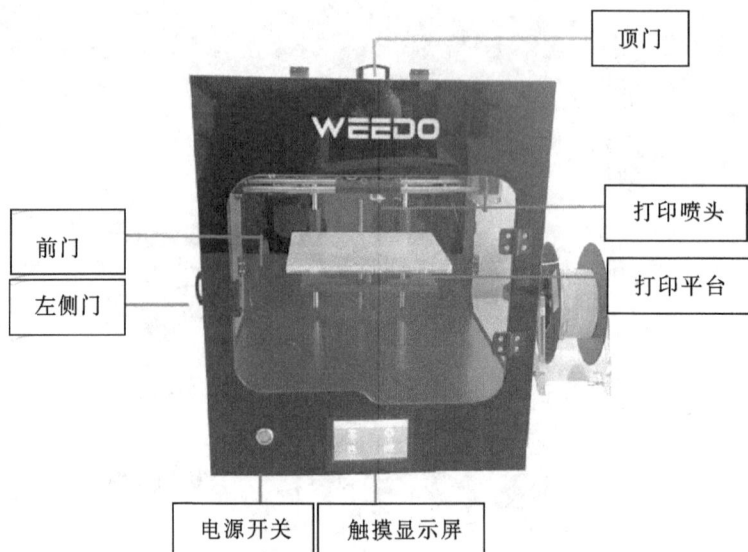

图 5-25 WEEDO F152 机型

表 5-1 WEEDO F152 3D 打印机技术参数

机器参数		打印参数	
机器尺寸	390×355×475(mm)	打印尺寸	200×180×180(mm)
机器净重	16kg	打印容积	6480mL
机器颜色	黑色	喷嘴直径	0.4mm
输入电压	220V	打印精度	0.09~0.5mm
最高功率	120W	打印速度	20~130mm/s
过滤系统	三层过滤	定位精度	XY 轴 0.011mm
喷头数量	1		Z 轴 0.0025mm
显示屏	4.3寸全彩触屏	软件参数	
耗材参数		打印软件	ReplicatorG、Cura、wiibuilder
支持耗材	PLA、PLA Pro 等	文件格式	STL/GCODE/OBJ
耗材直径	1.75mm	操作系统	Windows、Linux、MacOS
耗材颜色	多色可选	打印方式	USB/SD 卡

2. 安装 Cura Weedo 专用版软件及功能介绍

（1）Cura 安装软件

运行软件安装包，Cura-14.07-Weedo，在安装向导窗口中点击"安装"→"下一步"→"完成"。在选择安装路径窗口中，请使用程序默认路径，如图 5-26、5-27、5-28 所示。

图 5-26　安装 Cura-14.07-Weedo 软件

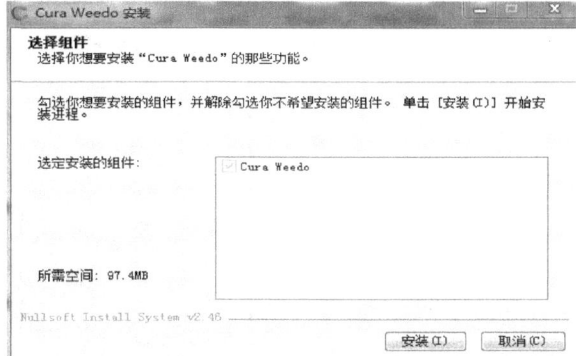

图 5-27　选择组件

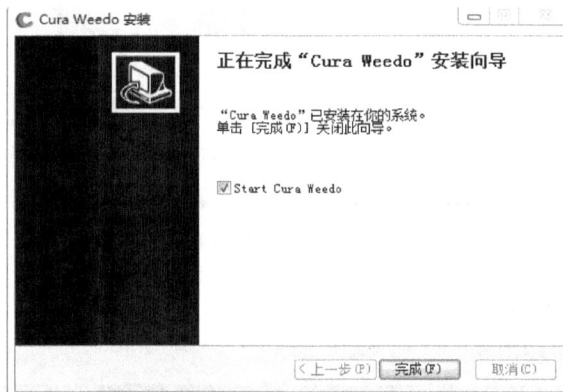

图 5-28　完成安装

注意:Cura 的安装路径为 C 盘根目录

第一次使用 Cura 软件时,首先进入向导界面,点击"Next",进入机型选择界面,选择 Weedo F152,点击"Next",进入准备就绪界面,点击"Finish",完成安装,图 5-29、5-30、5-31 所示。

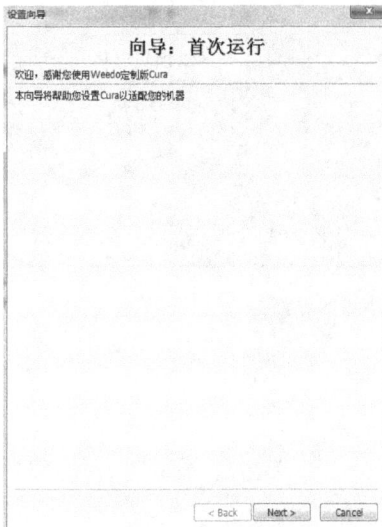

图 5-29　进入向导界面

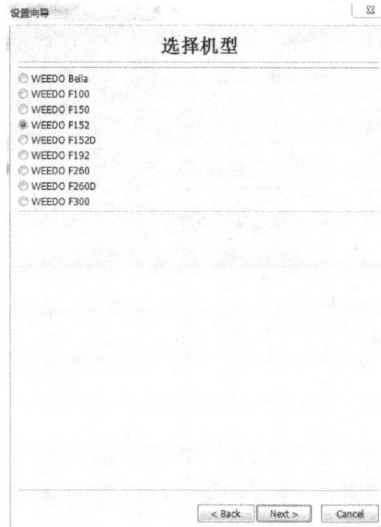

图 5-30　选择机型

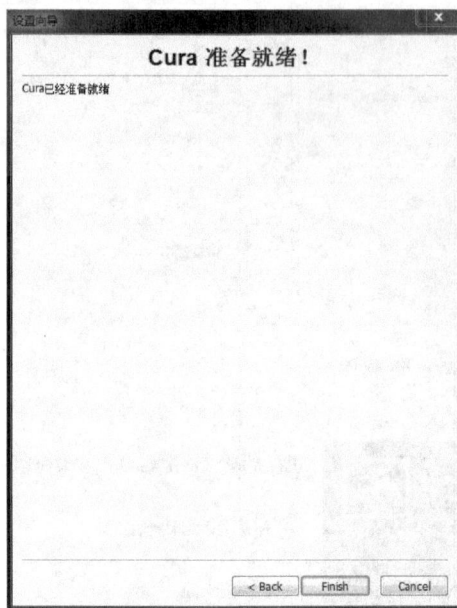

图 5-31　准备就绪界面

（2）Cura 软件功能介绍

Cura 软件基本界面如图 5-32 所示。

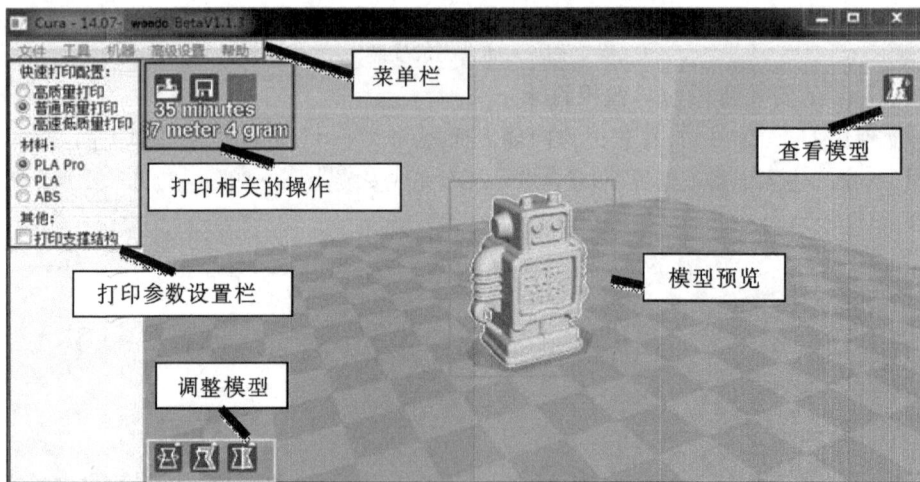

图 5-32　Cura 软件基本界面

① 首选项菜单

点击菜单栏"文件"→"首选项",进入首选项菜单,如图 5 - 33 所示。

图 5 - 33　首选项菜单说明

注意:语言切换后需要重启 Cura 才能生效。

②机 器设置

点击菜单栏"机器"→"机器设置",进入机器设置界面,如图 5 - 34 所示。

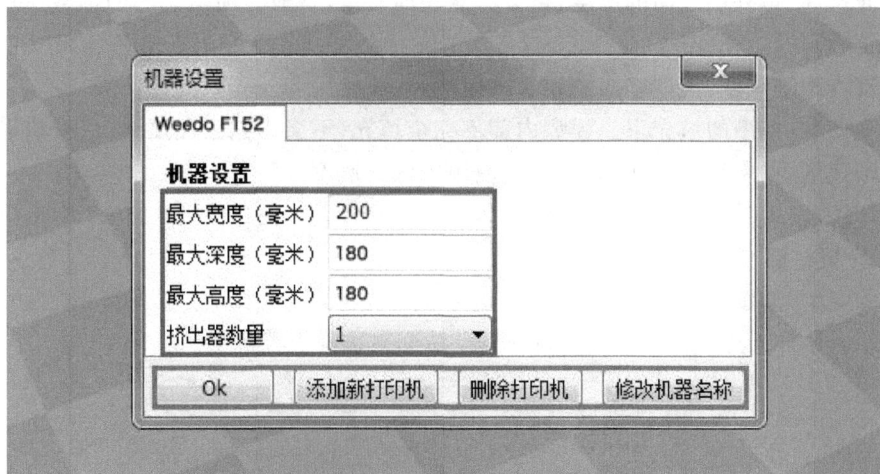

图 5 - 34　机器设置界面

◆最大宽度、最大深度、最大高度是机器机器打印平台的尺寸。这里的尺寸就是 WEEDO
　F152 机型的平台尺寸。

◆添加新打印机是指添加您需要的新机型,删除打印机是指删除不需要的机型;也可以修
　改机型名称,修改机型名称不会改变任何参数。

③ 打印参数设置

点击菜单栏"高级设置"→"切换到完全设置模式",进入完全设置模式界面,如图 5 - 35 所示。

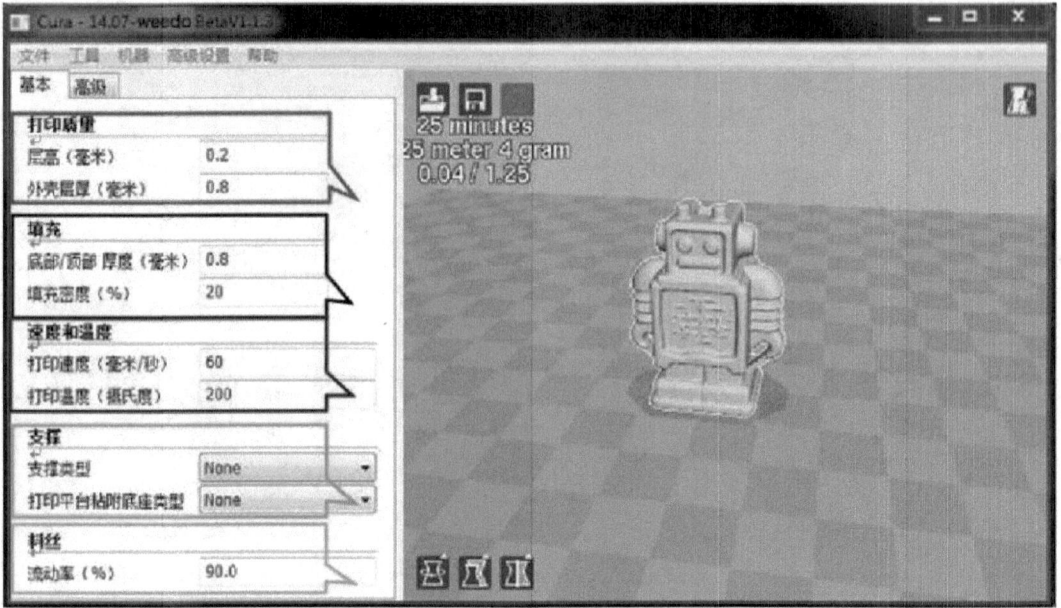

图 5 - 35　打印参数设置界面

◆层高:就是我们常说的打印精度,一般选择 0.1～0.25 之间,数据越小,模型精细度越高。

◆外壳层厚:最外层表面的厚度,可以提高表面质量,一般为喷嘴尺寸的倍数(也就是 0.4 的倍数)。

◆底部和顶部厚度:模型底层和顶层的厚度,建议使用和外壳相同的参数。

◆填充密度:模型的填充率。模型内部不完全填充,不会影响表面质量,只影响强度。

◆打印速度:如果打印物体比较小,请使用较低的速度

◆打印温度:就是打印喷头的温度,打印 PLA/PLA pro 耗材温度 195～210 摄氏度,打印 ABS 耗材温度为 230 度

◆支撑类型:如图 5 - 36 所示,"None"为不使用支撑,"Touching buildplate"为外部支撑, "Everyhere"为完全支撑,根据模型悬空情况来选择支撑类型。

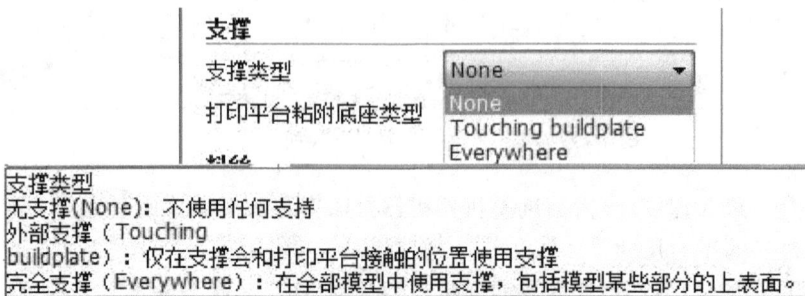

图 5 - 36　支撑类型界面与说明

支撑类型界面与说明:打印平台粘附底座类型,如图 5-37 所示,"None"为不使用衬垫,"Brim"为边沿衬垫,"Raft"为底部网格衬垫。

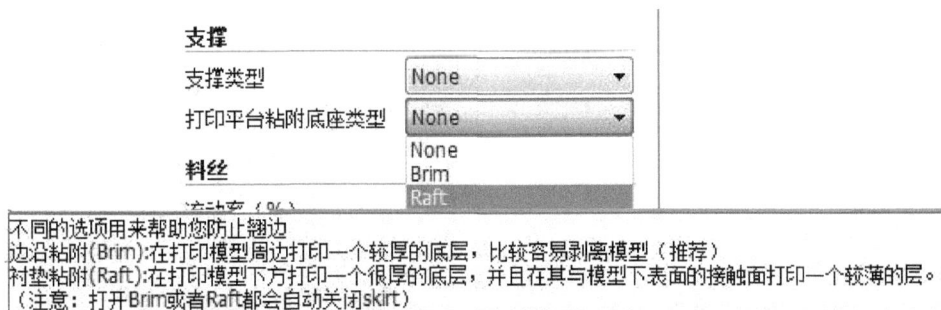

图 5-37 打印平台粘附底座类型界面与说明

◆料丝流动率参数一般为 90%

注意:当所填入的参数有错误或者无效时,软件会使用黄色和红色进行提示,黄色表示警告,红色表示错误,鼠标悬停时可以看到提示,如图 5-38 所示。

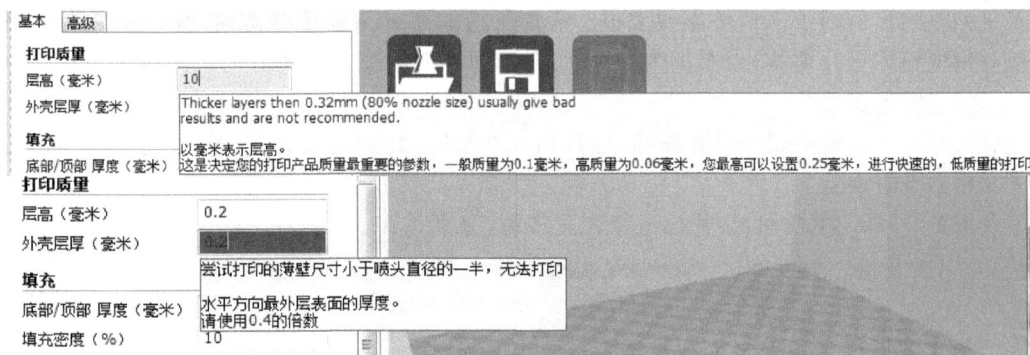

图 5-38 参数有误时显示警告界面

④模型加载

打开 Cura 软件,如图 5-39 所示,点击界面的"Load"加载按键,在弹出的窗口中选择需要打印的模型。请注意:图 5-39 所示的进度条,Cura 的切片引擎是始终自动开启的,当模型或者参数改变时,引擎会重新开始切片。对于配置较低的电脑,频繁修改参数和改变模型,在引擎启动时可能会造成卡顿,所以操作速度不能过快。

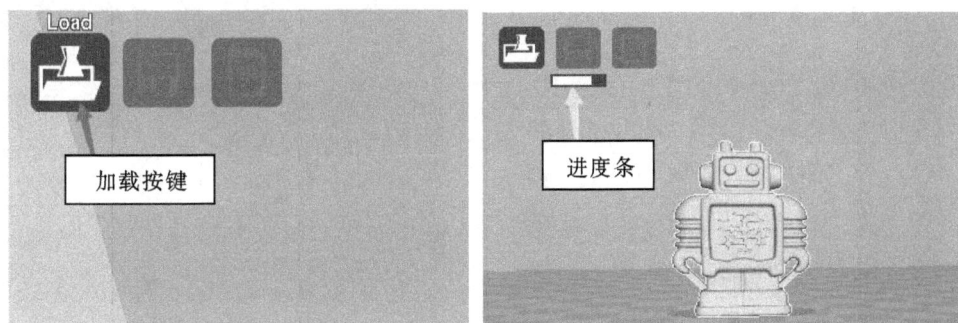

图 5-39 模型加载过程

⑤模型旋转设置

点击如图 5-40 所示旋转按钮，然后按着鼠标左键不放，拖动模型周围的环形边框来调整模型，可以从 X、Y、Z 三个方向进行旋转调整模型。

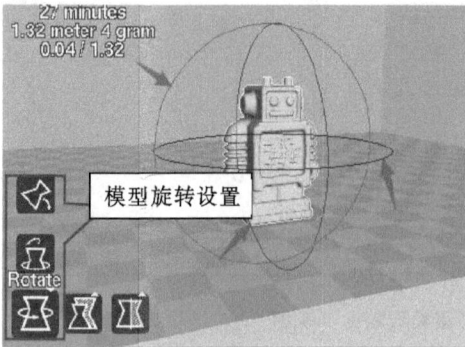

图 5-40 模型旋转设置界面

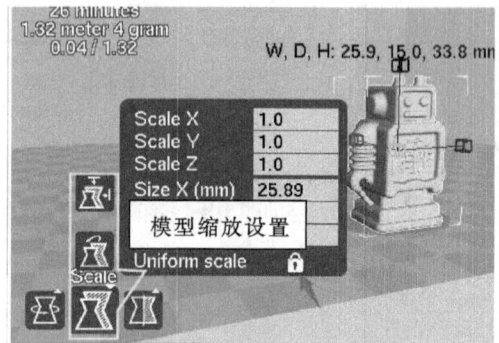

图 5-41 模型缩放设置界面

⑥模型缩放设置

点击图 5-41 所示缩放按钮，会弹出模型缩放比例和模型尺寸的对话框，在"Scale"项输入需要缩放的比例因子来调整模型大小。箭头所指的图标为锁定状态时，任一个方向的缩放都是对模型整体进行缩放；当图标为打开状态时，可以对模型进行单方向的缩放。

⑦模型镜像设置

点击图 5-42 模型镜像设置按钮，会弹出三个按键，分别代表 Z、Y、X 三个方向的镜像。

⑧模型查看设置

点击图 5-43 █ 按钮，会弹出五个模式按键，分别是：

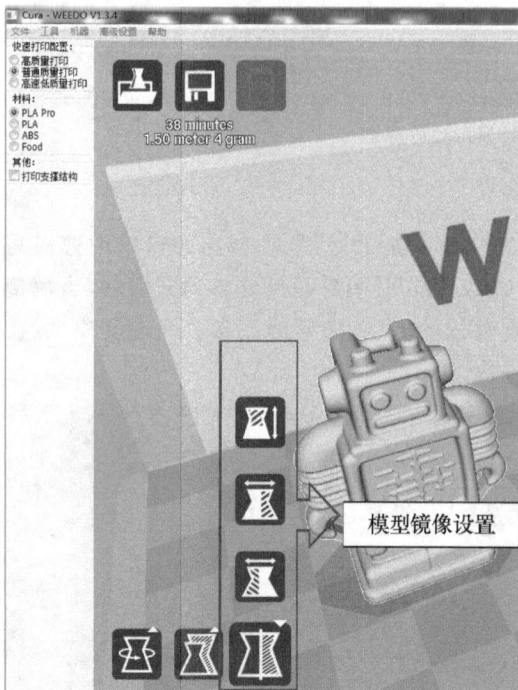

图 5-42 模型镜像设置界面

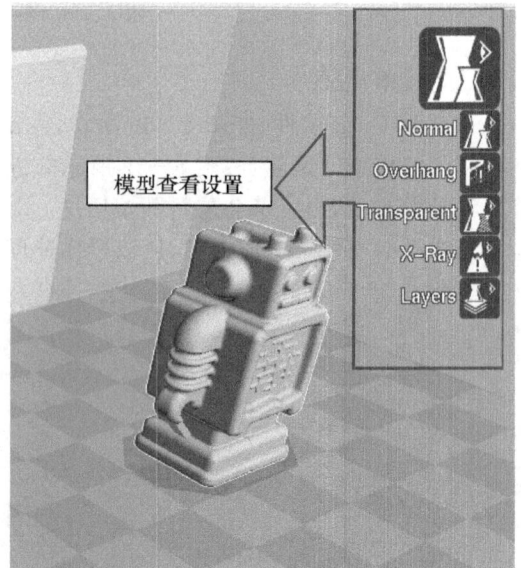

图 5-43 模型查看设置界面

◆"Normal"正常模式,仅显示模型外观,默认是这种模式,如图5-44所示。

图5-44　"Normal"正常模式界面

◆"Overhang"悬垂模式,会指示模型悬垂的部分,这些部分在没有支撑的情况下可能会下垂。如下图箭头所指的红色区域,如图5-45所示。

图5-45　"Overhang"悬垂模式界面

◆"Transparent"透明模式,可以看到模式的内部结构,如图5-46所示。

图5-46　"Transparent"透明模式界面

◆"X-Ray"X 光模式,类似于透明模式,但忽略了表面,如图 5－47 所示。

图 5－47 "X-Ray"X 光模式界面

◆"Layers"分层模式,可以看到喷头的移动路径以及支撑结构,如图 5－48 所示。

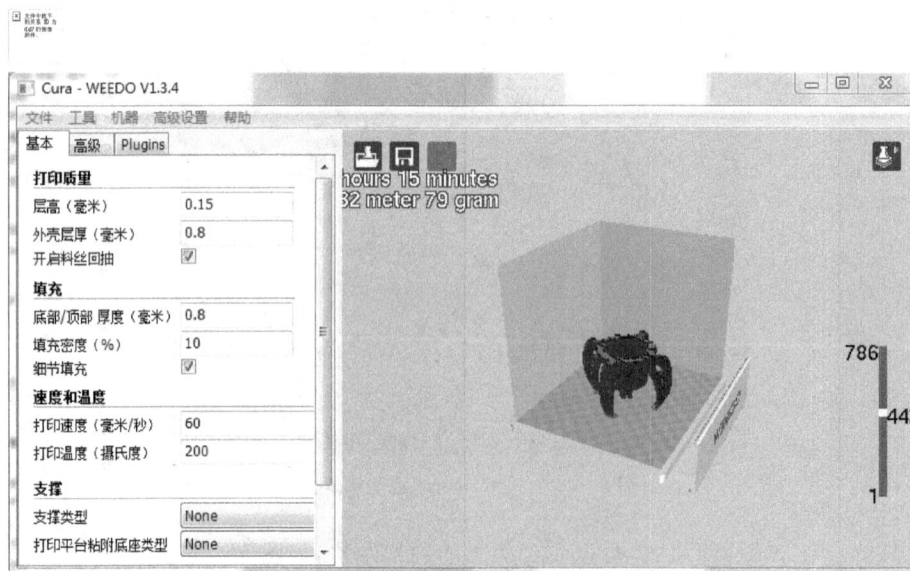

图 5－48 "Layers"分层模式界面

⑨生成 Gcode 代码及 X3G 文件

Gcode 代码及 X3G 文件界面如图 5－49 所示。

图 5-49　模型生成 Gcode 代码及 X3G 文件界面

◆模型转换的结果,包括打印耗时和料丝使用量,如果设置料丝的成本,则会模型生成 Gcode 代码时,则会显示模型成本。

◆点击 ⊞ 按钮,生成 Gcode 代码。生成 Gcode 代码时,⊞ 图标由灰色变成白色,说明该按钮可以使用,点击该按钮生成 X3G 文件。

模型 X3G 文件生成时,会弹出如图 5-50 所示的进度条。X3G 文件保存完成后,会弹出如图 5-51 所示的提示,即 X3G 文件的存储路径。

图 5-50　X3G 文件生成进度条界面

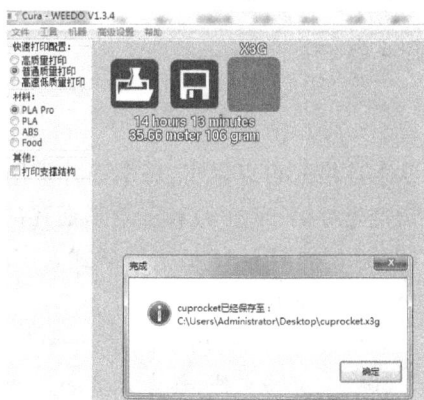

图 5-51　X3G 文件的存储路径界面

3. STL 文件及成型方向的选择

STL 文件格式是快速成型系统用得最多的数据转换形式,已成为快速成型领域的"准"工业标准,几乎所有类型的快速成型制造系统都接受 STL 数据格式。从目前来看,STL 是三维模型离散分层处理前广泛使用的数据格式文件。

(1)STL 文件格式

STL 文件就是对 CAD 实体模型或曲面模型进行表面三角形网格化,用小三角形面片去逼近自由曲面。它是若干空间小三角形面片的集合,如图 5-52 所示,每个三角形面片由三角形的三个顶点和指向模型外部的三角形面片的法线矢量组成,如图 5-53 所示。

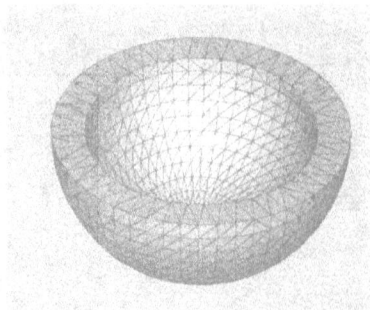

图 5-52 STL 模型　　　　　　　图 5-53 三角形面片

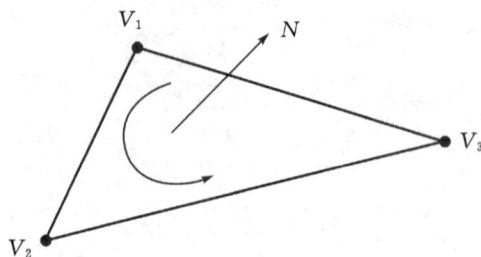

STL 文件有二进制(BINARY)与文本(ASCII)文件两种格式。ASCII 文件的特点是能被人工识别并修改,但由于该格式的文件占用空间太大(约是二进制格式文件存储空间的 6 倍),主要用来调试程序。

①STL 的 ASCII 文件格式如下:

Solid<name>

Facet normal　$NiNjNk$

　Outer loop

　　Vertex　$V1xV1yV1z$

　　Vertex　$V2xV2yV2z$

　　Vertex　$V3xV3yV3z$

　End loop

End facet

......

End solid<name>

从上述格式可以看出,每个面片采用四个数据项表示每一个三角形面片,即三角形面片的三个顶点坐标(V1V2V3)和三角形面片的外法线矢量(NiNjNk)。

(2)STL 的 BINARY 文件格式。BINARY 文件用 84B 的头文件和 50B 的后述文件来描述一个三角形面片。

♯of bytes description

80　　有关文件、作者姓名和注释信息

4　　三角形面片的数目

　facet 1　　　　　　//面片 1

4　　float normal x　　//面片 1 X 方向法线矢量

4　　float normal y　　//面片 1 Y 方向法线矢量

4　　float normal z　　//面片 1 Z 方向法线矢量

4　　float vertexl x　　//面片 1 第一个顶点 x 坐标

4　　float vertexl y　　//面片 1 第一个顶点 y 坐标

4　　float vertexl z　　//面片 1 第一个顶点 z 坐标

4　　float vertex2 x　　//面片 1 第二个顶点 x 坐标

4　　float vertex2 y　　//面片 1 第二个顶点 y 坐标

4	float vertex2 z	//面片1第二个顶点z坐标
4	float vertex3 x	//面片1第三个顶点x坐标
4	float vertex3 y	//面片1第三个顶点y坐标
4	float vertex3 z	//面片1第三个顶点z坐标
2	未用(构成50个B)	
	facet 2	

上述的面目录一般是以三角形面片法线矢量的三坐标开始的。该法线矢量指向面的外侧并且是一个单位长,顺序是 x、y、z,法线矢量的方向符合右手法则。

(2)STL文件的规范

STL文件能正确描述三维模型,必须遵守一定的规范:

①取向原则　每个小三角形平面的法线矢量必须由内部指向外部,小三角形三个顶点排列的顺序同法线矢量,符合右手法则,如图5-54所示。

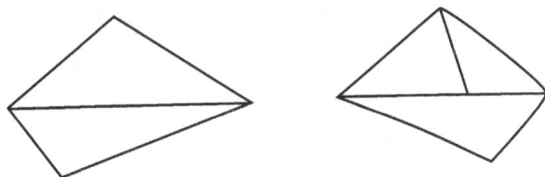

图5-54　共顶点规则

②共顶点规则　相邻的两个三角形只能共享两个顶点,即一个顶点不能落在相邻的任何一个三角形的边上,如图5-54所示。

③取值原则　STL文件的所有顶点坐标必须是正的,即STL模型必须落在第一象限。若为零或负数,则是错误的。目前几乎所有的CAD/CAM软件都允许在任意的空间生成STL文件,但在导出STL文件时系统会出现错误提示信息,问是否继续,单击"是",即可继续。

④充满原则　在三维模型的表面上必须布满小三角形平面,不能有裂缝和孔洞,内外表面之间的厚度不能为0,并且外表面不能从其本身穿过。

(3)STL文件的精度

STL文件是三维实体模型经过三角网格化处理之后得到的数据文件,它是将实体表面离散化为大量的三角形面片,依靠这些三角形面片来逼近理想的三维实体模型。不同的CAD/CAM系统输出STL格式文件的精度控制参数是不一致的,但最终反映STL文件逼近CAD模型的精度通常由曲面到三角形面片的距离误差或是曲面到三角形边的弦高差控制(见图5-55)。误差越小,所需的三角形面片数量越多,三角形面片形成的三维实体就越趋近于理想实体的形状,但STL文件越大,随之带来的是分层处理的时间显著增加,有时截面的轮廓会产生许多小直线段,不利于轮廓的扫描运动,导致表面不光滑且成型效率降低。所以,从CAD软件输出STL文件时,选取的精度指标和控制参数应根据CAD模型的复杂程度以及快速成型精度要求的高低进行综合考虑。

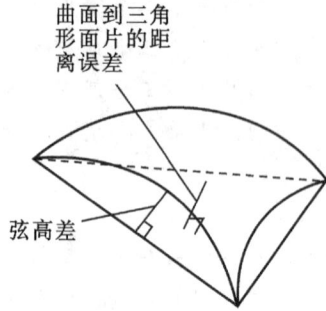

图 5 - 55　自由曲面的三角形图片逼近

①Pro/E Wildfire5.0 中 STL 文件的输出　选择"文件"菜单栏,然后选择"保存副本"选项,如图 5 - 56 所示。打开保存副本对话框,如图 5 - 57 所示。选择文件类型(＊. stl),输入新文件名称,单击确定,弹出"导出 STL"文件设置对话框,如图 5 - 58 所示,设置输出格式(二进制、ASCII);坐标点允许负值,如果不勾选此项,系统将会出现错误信息提示,问是否继续;偏差控制(弦高、角度控制)中,弦高决定三角面片的大小,角度控制标识三角形面片与逼近的曲面平面夹角的余弦,也可以选择默认值。

图 5 - 56　Pro/E Wildfire5."文件"菜单

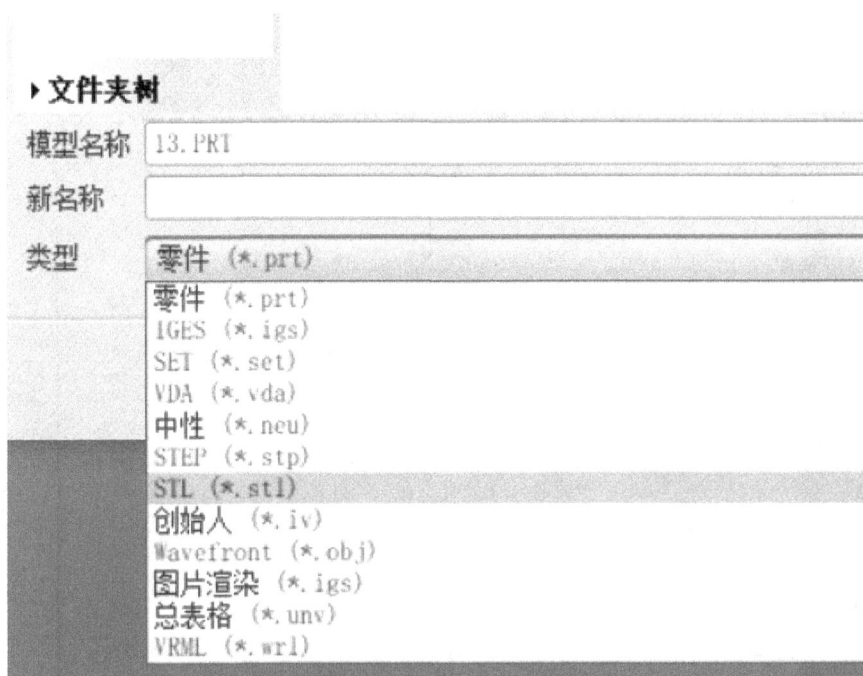

图 5-57 保存副本对话框

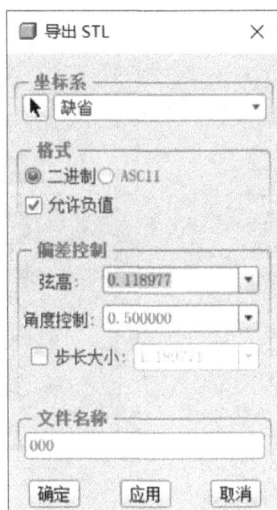

图 5-58 导出 STL 文件对话框

②UG NX 8-0 软件中 STL 文件的输出 单击"文件"菜单栏下的"导出"命令,选择"STL"格式,如图 5-59 所示,弹出 STL 文件设置对话框,如图 5-60 所示,先设置输出类型(二进制、文本)、三角公差、相邻公差等,单击"确定"按钮。系统会提示输入 STL 头文件信息,头文件信息可以不添加,直接单击确定,即可完成。

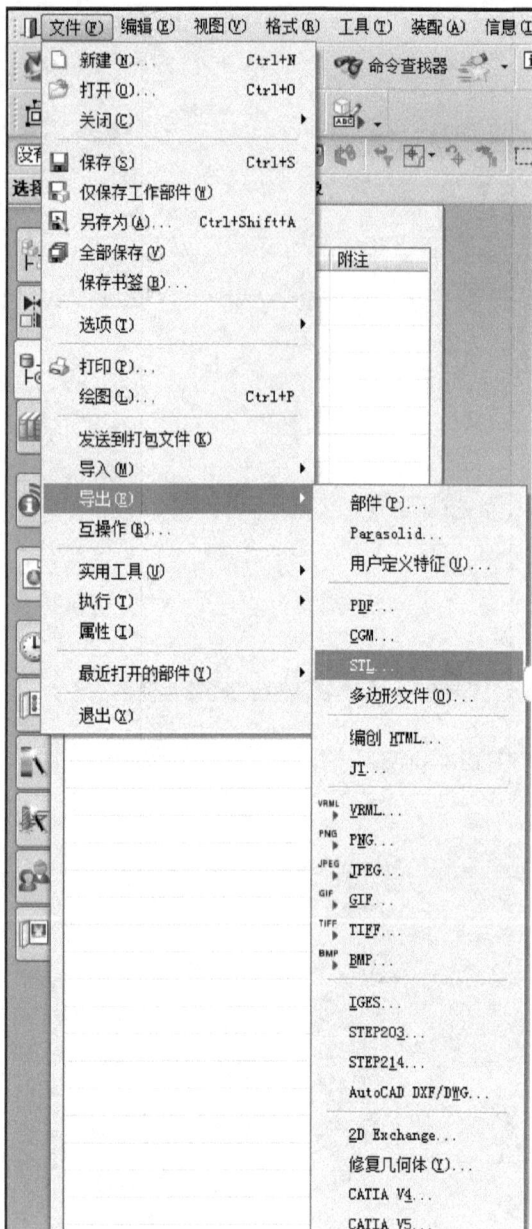

图 5-59　UD 导出 STL 文件对话框

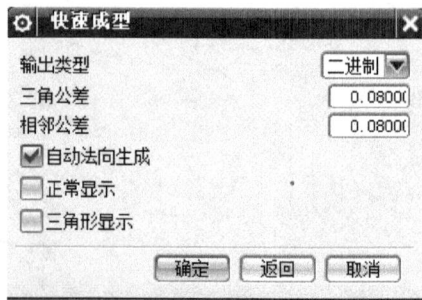

图 5-60　STL 文件设置对话框

(4)STL 文件的特点

①STL 文件格式的主要优点

◆数据格式简单,分层处理方便,与具体的 CAD 系统无关。

◆对原 CAD 模型的近似度高。原则上,只要三角形面片的数目足够多,STL 文件就可以满足任意精度要求。

◆具有三维几何信息,而且是用面片表示,可直接作为有限元分析的网格。

◆为几乎所有 RP 设备所接受,已成为大家默认的 RP 数据转换标准。

②STL 文件格式的一些缺点

◆STL 模型只是三维模型的近似描述,造成了一定的精度损失。

◆不含 CAD 拓扑关系。将 CAD 模型转换为 STL 模型后,丢失了零件材料、特征公差等属性信息。

◆文件存在大量的冗余数据。因为每个顶点分别属于不同的三角形面片,所以同一个顶点在 STL 文件中重复存储多次。另外三角形面片的法线矢量也是一个不必要的信息,由三个顶点坐标就可得到。

◆易产生重叠面、空洞、法向量和交叉面等错误及缺陷。

(5)STL 模型的检验与修复

快速成型工艺对 STL 文件的正确性和合理性有较高的要求,主要是要保证 STL 模型无裂缝、空洞、悬面、重叠面和交叉面,如果不纠正这些错误,会造成分层后出现不封闭的环和歧义现象。

在快速成型制造中,常见的 STL 文件错误有以下几种:

◆间隙(或称裂纹,空洞),如图 5 - 61(a)所示。这主要是由于三角形面片的丢失引起的。当 CAD 模型表面有较大曲率的曲面相交时,在曲面的相交部分会出现丢失三角形面片而造成空洞。

◆法线矢量错误,如图 5 - 61(b)所示。这是由于进行 STL 格式转换时,因未按正确的顺序(右手法则)排列构成三角形的顶点而导致计算所得法线矢量的方向没有指向外部。

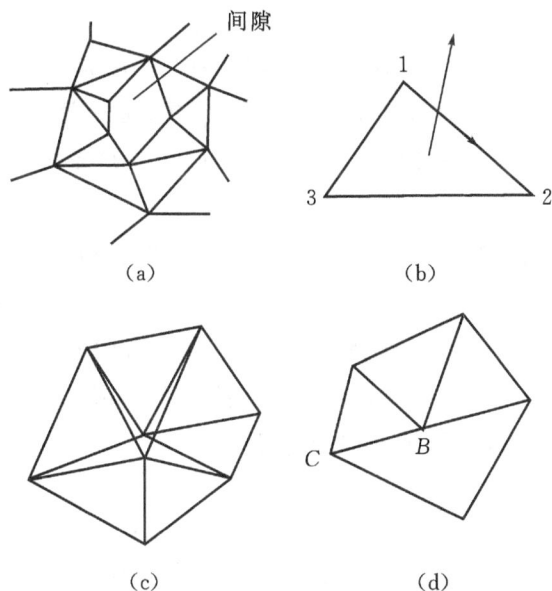

图 5 - 61　STL 文件错误

◆顶点错误,如图 5 - 61(b)所示。三角形的顶点落在另一三角形的某条边上,使得两个三角形共用一条边,违背了 STL 文件的共顶点原则。

◆重叠和分离错误,如图 5 - 61(c)所示。重叠和分离错误主要是由三角形顶点计算时的舍入误差造成的。在 STL 文件中,顶点坐标是单精度浮点型,如果圆整误差范围较大,就会导致面片重叠或分离。

◆ 面片退化,如图 5-61(d)所示。面片退化是指小三角形面片的三条边共线。这种错误常常发生在曲率剧烈变化的两相交曲面的相交线附近,这主要是由于 CAD 软件的三角网格化算法不完善造成的。

◆ 拓扑信息的紊乱。这主要是由某些细微特征在三角形网格化圆整时造成的。如图 5-62(a)所示,直线 AB 同时属于四个三角形面片;如图 5-62(b)所示,顶点位于某个三角形面片内,如图 5-62(c)所示,面片重叠,这些都是 STL 文件不允许的,对于这些情况,STL 文件必须重建。

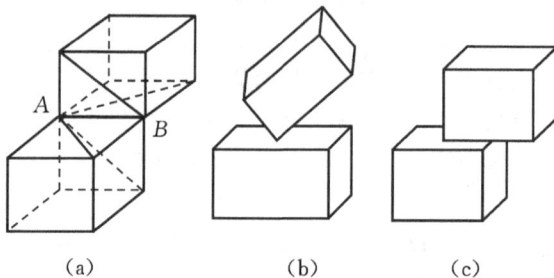

图 5-62 拓扑信息的紊乱

STL 文件出现的许多问题往往来源于 CAD 模型中存在的一些问题,对于一些较大的问题(如大空洞、多面片缺失、较大的体自交),最好返回 CAD 系统处理。一些较小的问题,快速成型数据处理软件提供了自动修复的功能,不需要回到 CAD 系统重新输出,这样可节省时间,提高工作效率。

为保证有效进行 3D 打印的制作,对 STL 文件进行浏览和编辑处理是十分必要的。目前,已有多种用于观察和修改 STL 格式文件的专用软件,如美国 Imageware 公司开发的 Rapid Prototyping Module 软件、芬兰 DeskAriesoy 开发的 Rapid Editor 软件、比利时 MaterialiseN. V. 开发的 Magics RP 软件。在众多的 STL 文件浏览与编辑软件中,Magics RP 软件提供了强大的编辑、修复功能,能较完善处理 STL 文件。

(6)成型方向的选择

在 3D 打印制造中,模型的摆放决定了成型方向,即成型时每层的叠加方向,它是影响原型制作精度、制作时间、制作成本、原型强度以及制作过程中所需支撑多少的重要因素。从缩短原型制造时间和提高制造效率来看,应选择尺寸最小的方向作为叠加方向;为了提高原型制作质量,以及提高某些关键尺寸和形状的精度,需要将较大的尺寸方向作为叠加方向(零件中孔的轴线平行加工方向的数量最大化);为了减少支撑,以节省材料及方便后处理,使悬臂结构的数量最少,也经常采用倾斜摆放。

图 5-63 所示为手机面板的两种成型方式。按图 5-63(a)所示方向制造出来的原型精度

较高,成型时间短;但手机面板台阶误差很大,表面质量很低,如图 5-63(c)所示,台阶效应非常明显。按图 5-63(b)所示方向制造出来的原型表面质量较高,但面板上的孔及卡槽的精度不足,并且成型时间长。

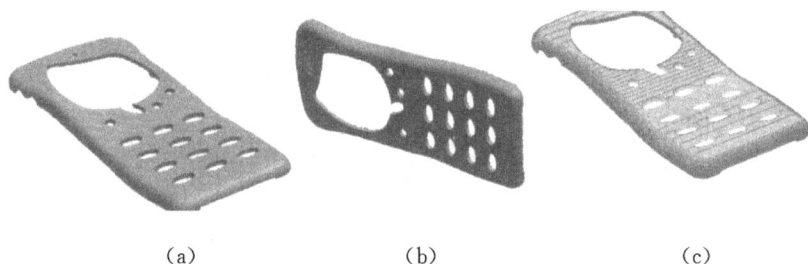

（a）　　　　　　　　　　（b）　　　　　　　　　　（c）

图 5-63　手机面板成型方向

根据原型的精度要求、成型设备的加工空间,合理安排原型的摆放位置和成型方向,以使成型空间得到最大的利用,提高成型效率。必要时需要将一个原型分解成多个,分别成型;也可将多个 STL 模型文件调入合并为一个 STL 模型文件一起成型。

一个零件的制作时间 T 是各层制作时间 Ti 的总和,而每层的制作时间包括扫描时间 tsi 和辅助时间 tai ,即 $T = \sum Ti = \sum tsi + \sum tai$ 。

每层的扫描时间 tsi 由轮廓扫描时间 $tctri$ 、实体扫描时间 $tsldi$ 和支撑扫描时间 $tspti$ 这三部分组成,即 $tsi = tctri + tsldi + tspti$ 。

由于制作单个零件和多个零件所需的辅助时间基本是相近的,可以通过每次制作多个零件来减少每个零件的辅助时间,从而提高制作效率。如果需要制作的零件较多,需要多次制作才能完成,这种情况下需要先将零件进行分批组合,然后再对每个组合进行二维布局优化,尽量缩短每层轮廓扫描的路径,提高成型效率。

对于同一个零件而言,减小零件堆积方向的高度尺寸,从而减少零件的分层数目,进而减少零件制作的辅助时间。而实际上,堆积方向与制作时间之间的关系并不是减小零件堆积方向的高度尺寸就能减少制作时间的,高度方向尺寸的减小可能导致零件制作过程中为保证零件制作成功的支撑数量的增加,从而增加了支撑的制作时间,增加了材料的损耗和后处理工作的难度。因此,较优的成型方向是在满足零件表面的前提下,成型高度尽量小,表面形成的支撑尽量少。

5.烟灰缸 3D 打印

【任务要求】把烟灰缸通过三维扫描仪获取的数据,经由项目三进行了数据重构,得到了 STL 文件,再把烟灰缸的 STL 文件保存到 SD 卡内,由 WEEDO F152 桌面式 3D 打印机制作烟灰缸实体模型。

步骤 1　载入模型,设置基本参数

打开计算机 Cura-WEEDO V1.3.4 软件,单击菜单“文件”→“加载模型文件或 Gcode...”,选择要打印储蓄罐的 STL 模型 YHG.stl,载入模型如图 5-64 所示。

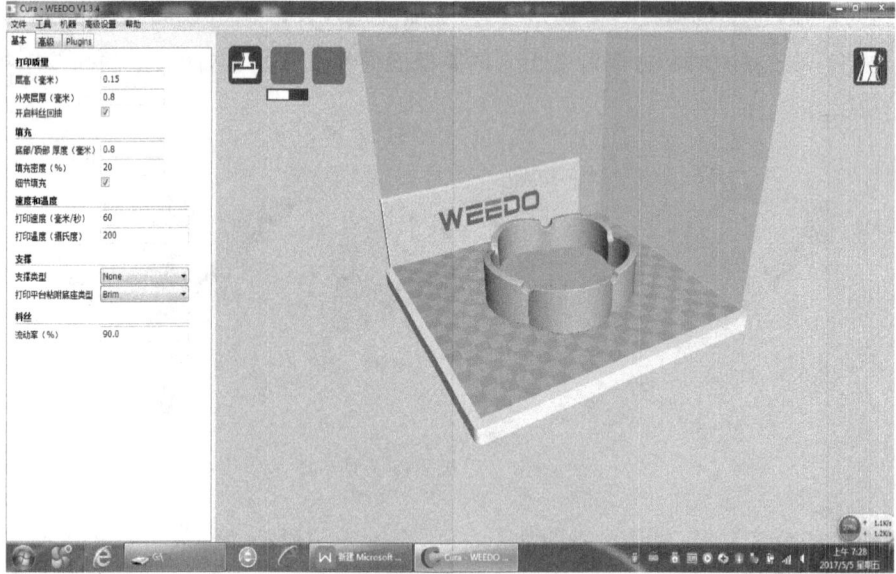

图 5-64 载入模型界面

◆层高:即常说的打印精度,一般选择 0.1~0.25 mm,数据越小,模型精细度越高,本例中设置为 0.15 mm。

◆外壳层厚,即最外层表面的厚度,一般设置为喷嘴尺寸的倍数(即 0.4 的倍数),本例中设置为 0.8 mm。

◆底部和顶部厚度:模型底层和顶层的厚度,建议使用和外壳相同的参数,本例中我们设置为 0.8 mm。

◆填充密度:模型的填充率,一般模型内部可以不完全填充,这种情况下不会影响表面质量,只影响强度,为了提高打印速度,本例中我们设置为 20%。

◆打印速度:如果打印物体比较小,请使用较低的速度,本例中我们设置为 60mm/s。

◆打印温度:即打印喷头的温度,一般情况下打印 PLA/PLA pro 耗材温度为 195℃~210℃,打印 ABS 耗材温度为 230℃,本例中我们设置为 200℃。

◆支撑类型:"None"为不使用支撑,"Touching buildplate"为外部支撑,"Everywhere"为完全支撑,根据模型悬空情况来选择支撑类型,本例中不需要设置支撑,因此设置为 None 类型。

◆打印平台黏附底座类型:"None"为不使用衬垫,"Brim"为边沿衬垫,"Raft"为底部网格,本例中设置边沿衬垫,因此设置为 Brim 类型。

◆料丝流动率参数:料丝流动率参数一般为 90%。

注意:当所填入的参数有错误或者无效时,软件会使用黄色和红色进行提示,黄色表示警告,红色表示错误,鼠标悬停时可以看到提示。

将光标移到模型上并单击鼠标左键,模型的详细资料介绍会悬浮显示出来。用户可以打开多个模型并同时打印它们。如果模型载入错了,将光标移至模型上,单击鼠标左键选中模型,然后在工具栏中选择卸载;或者在模型上单击鼠标右键,会出现一个下拉菜单,选择卸载模型或者卸载所有模型。

步骤2　首选项设置

单击菜单栏"文件"→"首选项",进入"首选项"界面,如图6-65所示,可以进行模型颜色、语言类型、料丝等的设置。设置完毕后务必保存文件。

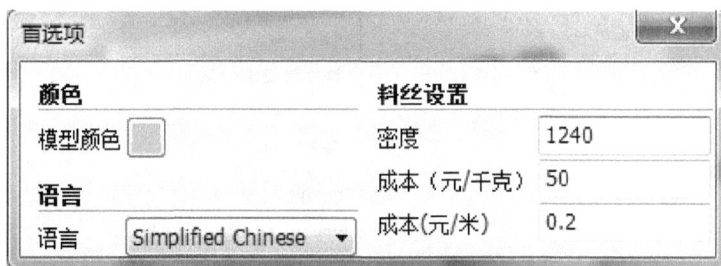

图5-65　"首选项"界面

注意:语言切换后需要重启 Cura 才能生效。

步骤3　机器设置

单击菜单栏"机器"→"机器设置",进入"机器设置"界面,如图5-66所示。WEEDO F152机型参数是确定的,不需要修改。如果添加用户需要的新机型,可以删除不需要的机型,也可以修改机型名称。修改机型名称不会改变任何打印参数设置。

图5-66　"机器设置"界面

步骤4　高级设置

单击菜单栏"高级设置",进入"完全设置"模式界面,如图5-67所示。高级设置一般采用默认数据即可。

步骤5　加载模型-引擎切片

载入模型,Cura 软件就开始加载,或者改变参数要重新加载。在加载时通过观看进度条来判断加载完成情况。如图5-64所示。

注意:Cura 的切片引擎是始终自动开启的,当模型或者参数改变时,引擎会重新开始切片。对于配置较低的电脑,频繁修改参数和改变模型,在引擎启动时可能会造成卡顿,所以操作速度不能过快。

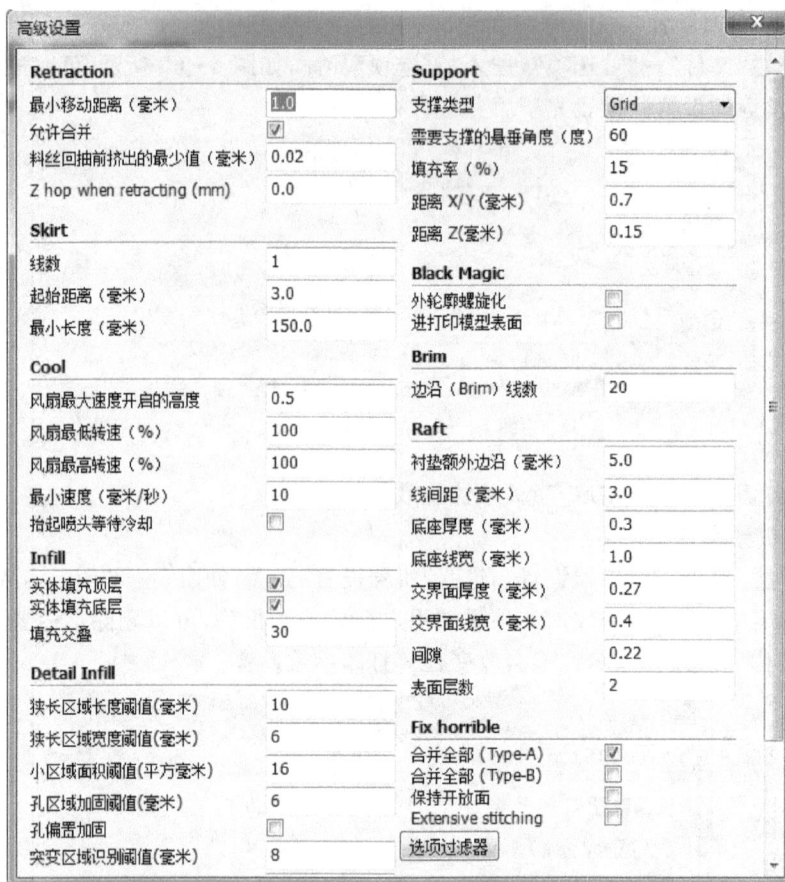

图 5-67 "高级设置"界面

步骤 6 检查模型

当模型加载完毕以后,可以通过相关操作(旋转、缩放、镜像、查看等)来对模型进行检查,

以确保模型加载后不存在破损、部分缺失等问题,如图 5-68、图 5-69、图 5-70、图 5-71 所示。单击旋转按钮,然后按着鼠标左键不放,拖动模型周围的环形边框来调整模型,可以从 x、y、z 三个方向进行旋转调整模型。单击缩放按钮,会弹出模型缩放比例和模型尺寸的对话框,在"Scale"项输入需要缩放的比例因子来调整模型大小。单击镜像按钮,会弹出三个按键,分别代表 x、y、z 三个方向。单击查看按钮,会弹出五个模式按键,分别为"Normal"正常模式,仅显示模型外观,一般默认为这种模式,"Overhang"悬垂模式,会指示模型悬垂的部分,这些部分在没有支撑的情况下可能会下垂,"Transparent"透明模式,可以看到模型的内部结构,"X-Ray"X 光模式,类似于透明模式,但忽略了表面,"Layers"分层模式,可以看到喷头的移动路径以及支撑结构。

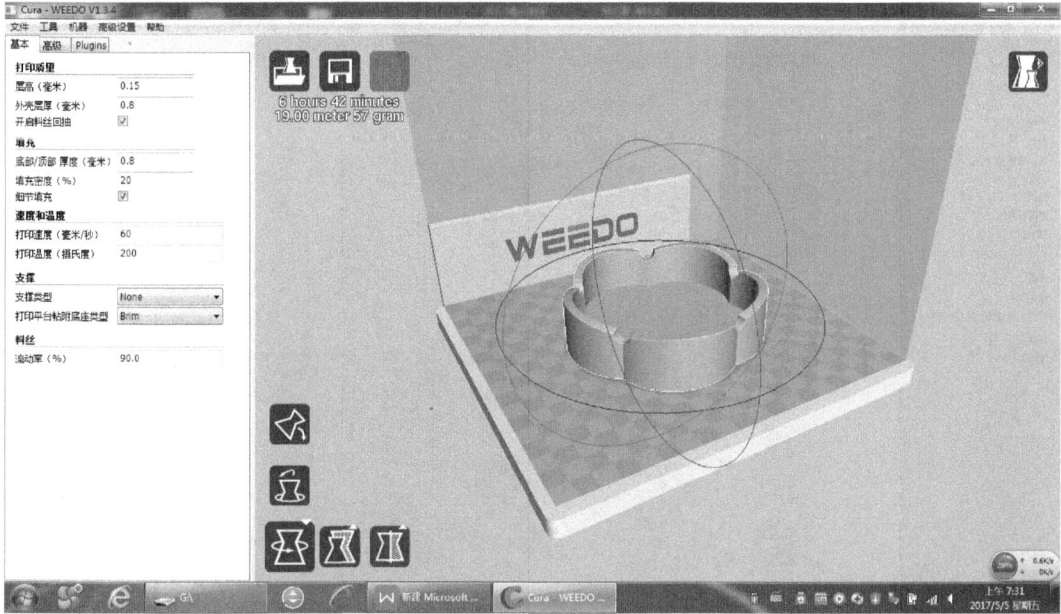

图 5 - 68　模型旋转界面

图 5 - 69　模型缩放界面

图 5-70　模型镜像界面

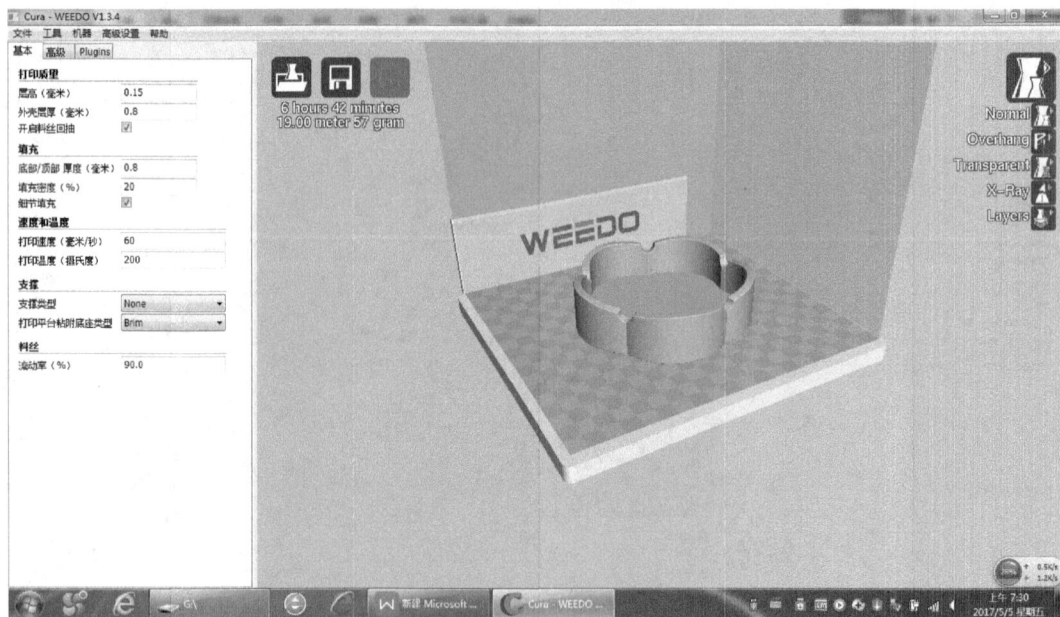

图 5-71　模型查看界面

步骤 7　生成 Gcode 代码及 X3G 文件

如图 5-71 中,模型转换的结果,包括打印耗时和料丝使用量,如果设置料丝的成本,则会显示模型成本。此时,保存按钮可以使用,生模型生成 Gcode 代码。模型生成 Gcode 代码保存后, 图标由灰色变成白色,说明该按钮可以使用,单击该按钮生成 X3G 文件。模型生成 X3G 文件时,会弹出如图 5-72 所示的进度条。X3G 文件保存完成后,会弹出如图 5-73 所示的提示,即 X3G 文件的存储路径。至此,烟灰缸模型的 3D 打印设置工作完成,接下来就是将完成的模型文件导入打印机打印。

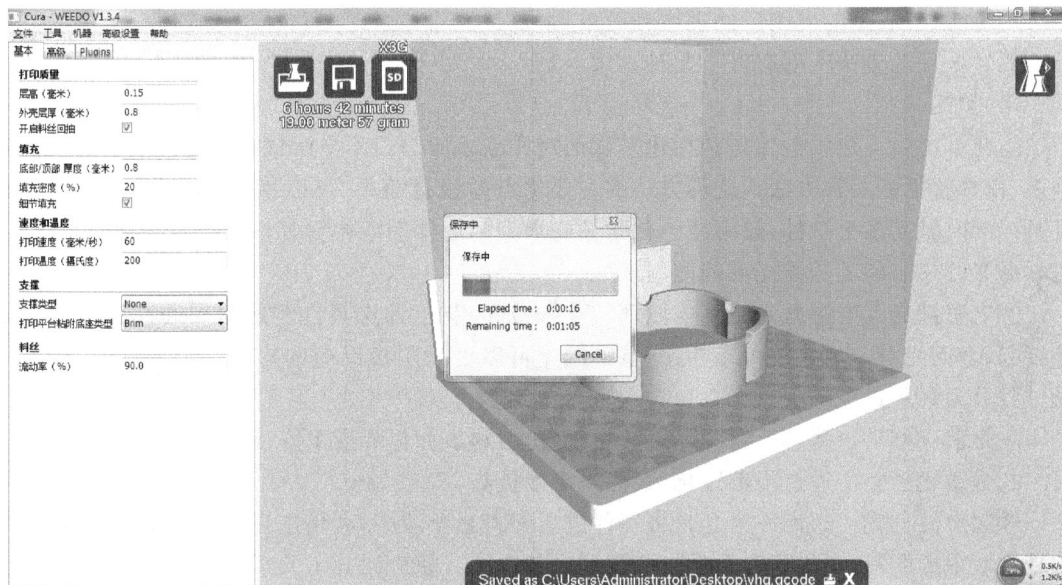

图 5-72 烟灰缸模型 X3G 文件生成进度条

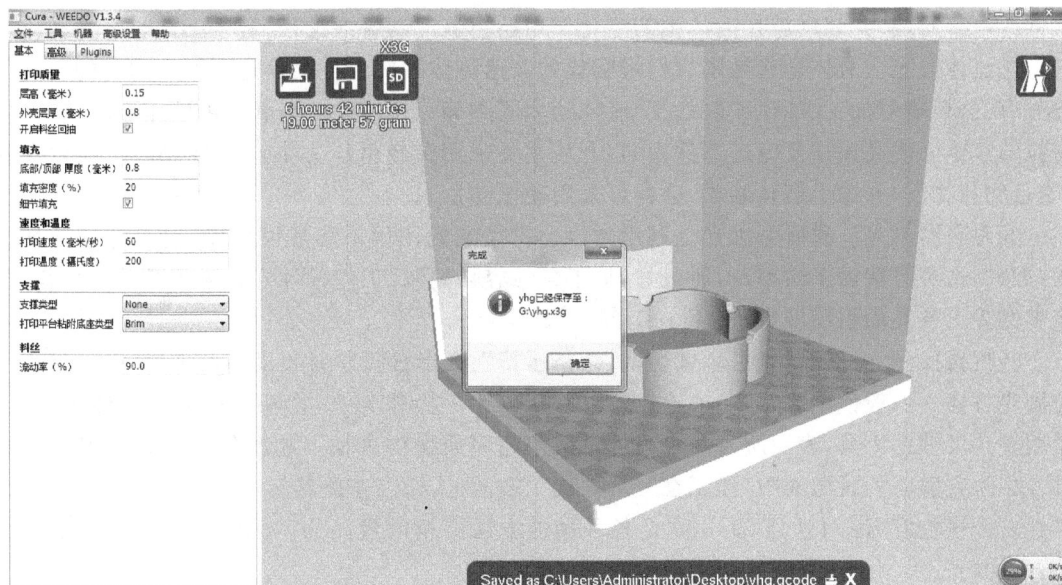

图 5-73 烟灰缸模型 X3G 文件的存储路径

步骤 8 将 X3G 文件导入 SD 卡

将烟灰缸 X3G 文件导入 SD 卡,在把 SD 卡插入 3D 打印机后,打印机开始打印和打印结束。

步骤 9 移除模型

将扣在打印平台周围的弹簧顺时针别在平台底部,将打印平台轻轻撤出,在模型下面慢慢滑动铲刀,来回撬松模型,取下模型。

步骤 10　模型的后处理

FDM 工艺成型的模型后处理比较简单,主要是去除支撑,打磨表面,形成符合要求的原型件。后置处理的方法主要有以下几种方法:

(1)抛光

①化学抛光　化学抛光是利用化学试剂对样品表面凹凸不平区域选择性的溶解作用消除磨痕、侵蚀整平的一种方法。这种方法的主要优点是设备简单,可以抛光形状复杂的工件,并且可以同时抛光多个工件,效率高。化学抛光得到的工件表面粗糙度一般为数十微米。目前,化学抛光的核心问题是抛光液的配制。

②电解抛光　电解抛光的基本原理与化学抛光相似,即选择性溶解材料表面微小凸出部分,使其表面光滑。与化学抛光相比,电解抛光可以消除阴极反应的影响,效果较好。电解抛光过程分为两步:

一是宏观整平。溶解产物向电解液中扩散,材料表面粗糙度下降,$Ra > 1\mu\mathrm{m}$。

二是微光平整。通过阳极极化,表面光亮度提高,$Ra < 1\mu\mathrm{m}$。

③超声波抛光　超声波抛光是将工件放入磨料悬浮液中,利用工具端面的超声频振动,带动悬浮液中的磨料,对工件表面进行磨削抛光的方法。超声波加工宏观力小,不会引起工件变形,但工装制作和安装较困难。超声波加工可以与化学抛光或电解抛光方法结合,在溶液腐蚀、电解的基础上,再施加超声波振动搅拌溶液,使工件表面的溶解产物脱离,表面附近的化学试剂或电解质均匀;超声波在液体中的空化作用还能够抑制腐蚀过程,利于工件表面光亮化。

④流体抛光　流体抛光是依靠携带磨粒的高速流体冲刷工件表面达到抛光的目的。常用方法有:磨料喷射加工、液体喷射加工、流体动力研磨等。流体动力研磨是由液压驱动,使携带磨粒的液体介质高速往复流过工件表面,介质主要采用在较低压力下流动性好的特殊化合物(聚合物状物质)并掺上磨料制成,磨料可采用碳化硅粉末。

⑤磁研磨抛光　磁研磨抛光是利用磁性磨料在磁场作用下形成磨料刷,对工件磨削加工的方法。这种方法加工效率高,质量好,加工条件容易控制,工作条件好。采用合适的磨料,可使被抛光工件表面粗糙度 Ra 达到 $0.1\mu\mathrm{m}$。

⑥机械抛光　机械抛光是靠微切削、微挤压塑性变形去除材料表面的凸部,获得平滑表面的抛光方法。一般使用油石条、羊毛轮、砂纸等,以手工操作为主,特殊零件如回转体表面,可使用转台等辅助工具,表面质量要求高的可采用超精研抛的方法。超精研抛是采用特制的磨具。在含有磨料的研抛液中,紧压在工件被加工表面上,作高速旋转运动。利用该方法被抛光工件表面粗糙度 Ra 可达 $0.008\mu\mathrm{m}$,是各种抛光方法中精度最高的。光学镜片模具常采用这种方法抛光。

塑料模具加工中的抛光与其他行业有很大不同,严格来说,模具的抛光应该称为镜面加工。它不仅对抛光本身有很高的要求,并且对表面平整度、光滑度以及几何精度也有很高的标准。表面抛光一般只要求获得光亮的表面即可。由于电解抛光、流体抛光等方法很难精确控制零件的几何精度,而化学抛光、超声波抛光、磁研磨抛光等方法的表面质量又达不到要求,所以精密模具的镜面加工还是以机械抛光为主。

a.机械抛光基本程序

要想获得高质量的抛光效果,最重要的是要具备高质量的油石、砂纸和钻石研磨膏等抛光工具和辅助品。而抛光程序的选择取决于工件前期加工后的表面状况,如机械加工、电火花加工和研磨加工等。机械抛光的一般过程如下:

一是粗抛。经铣削、电火花、磨削等加工工艺处理后的工件表面可以选择转速在35000~40000 r/min的旋转表面抛光机或超声波研磨机进行抛光。常用的抛光程序是:首先利用直径3mm、WA400♯的轮子去除白色电火花层,然后利用手工油石研磨,研磨时加煤油作为润滑剂或冷却剂。一般的使用顺序为180♯→240♯→320♯→400♯→600♯→800♯→1000♯,许多模具制造商为了节约时间而选择从400♯开始。

二是半精抛。半精抛主要使用砂纸和煤油。砂纸的号数依次为:400♯→600♯→800♯→1000♯→1200♯→1500♯。实际上1500♯砂纸只适用于淬硬的模具钢(52HRC以上),而不适于预硬钢,因为抛光过程中可能会导致预硬钢件表面烧伤。

三是精抛。精抛主要使用钻石研磨膏。若用抛光布轮混合钻石研磨粉或研磨膏进行研磨,则通常的研磨顺序是$9\mu m$(1800♯)→$6\mu m$(3000♯)→$3\mu m$(8000♯)。9微米的钻石研磨膏和抛光布轮可用来去除1200♯和1500♯号砂纸留下的发状磨痕。接着用黏毡和钻石研磨膏进行抛光,顺序为$1\mu m$(14000♯)→$1/2\mu m$(60000♯)→$1/4\mu m$(100000♯)。

精度要求在1微米以上(包括1微米)的抛光工艺,在模具加工车间中一个清洁的抛光室内即可进行。若进行更加精密的抛光则必需一个绝对洁净的空间。灰尘、烟雾、头皮屑和口水沫等都有可能报废数小时工作后得到的高精密抛光表面。

b.机械抛光中要注意的问题

用砂纸抛光应注意以下几点:

一是用砂纸抛光需要利用软的木棒或竹棒。在抛光圆面或球面时,使用软木棒可更好地配合圆面和球面的弧度。而较硬的木条如樱桃木,则更适用于平整表面的抛光。修整木条的末端使其能与钢件表面形状保持吻合,这样可以避免木条(或竹条)的锐角接触钢件表面而造成较深的划痕。

二是当换用不同型号的砂纸时,抛光方向应变换45°~90°角,这样前一种型号砂纸抛光后留下的条纹阴影即可分辨出来。在换不同型号砂纸之前,必须用100%纯棉花蘸取酒精之类的清洁液对抛光表面进行仔细的擦拭,因为一颗很小的砂砾留在表面都会毁坏接下去的整个抛光工作。从砂纸抛光换成钻石研磨膏抛光时,这个清洁过程同样重要。在抛光继续进行之前,所有颗粒和煤油都必须被完全清洁干净。

三是为了避免擦伤和烧伤工件表面,在用1200♯和1500♯砂纸进行抛光时必须特别小心。因而有必要加载一个轻载荷以及采用两步抛光法对表面进行抛光。用每一种型号的砂纸进行抛光时都应沿两个不同方向进行两次抛光,两个方向之间每次转动45°~90°角。钻石研磨抛光应注意以下几点:

a.尽量在较轻的压力下进行,特别是抛光预硬钢件和用细研磨膏抛光时。在用8000♯膏抛光时,常用载荷为$100\sim200g/cm^2$,但要保持此载荷的精准度很难做到。为了更容易做到这一点,可以在木条上做一个薄且窄的手柄(比如加一铜片)或者在竹条上切去一部分而使其更加柔软。这样可以帮助控制抛光压力,以确保模具表面压力不会过高。

b.不仅是工作表面要求洁净,工作者的双手也必须仔细清洁。

c.每次抛光时间不应过长,时间越短,效果越好。如果抛光过程进行得过长将会造成"橘皮"和"点蚀"。

d. 为获得高质量的抛光效果,容易发热的抛光方法和工具都应避免。比如:抛光轮抛光,抛光轮产生的热量很容易造成"橘皮"。

e. 当抛光过程停止时,保证工件表面洁净和仔细去除所有研磨剂和润滑剂非常重要,随后应在工件表面喷淋一层模具防锈涂层。

(2)喷砂

3D 打印塑料制品表面喷砂技术是绿色环保型表面处理工艺。用塑料专用喷砂机配合专用陶瓷珠和添加剂,对塑料表面直接进行喷砂,可一次性彻底消除塑料表面的夹水纹、流纹、模痕等,同时获得质地柔和、均匀的哑面效果。

喷砂机设备组成:

①主机由小转盘转动机构、喷枪摆动机构、喷砂室、操纵系统、仪表箱、电机等组成。

②喷砂枪分 4 组全部固定在摆动轴上,再由摆动电机牵引;喷嘴材质:进口碳化硼,喷嘴通径:直径 8mm。

③除尘器由滤芯、脉冲除尘、离心风机、集尘斗、机体等组成。

④电气控制箱由 PLC、过滤器、压力表、调压阀、电磁阀、行程开关及相应的管路和控制元件组成。

(3)砂纸打磨

砂纸打磨是一种廉价且行之有效的方法,可以自己灵活处理,缺点是精度难以掌握,尤其是打磨比较微小的零部件时。一般用 FDM 技术打印出来的对象往往有一圈圈的纹路,对于电视机遥控器大小的零件,用砂纸打磨消除纹路只需 15 分钟。如果零件有精度和耐用性要求,则不要过度打磨。一般用 120♯或者 220♯的粗砂纸先去皮。砂纸按照由粗到细的顺序打磨,例如 240♯→320♯→400♯→600♯。软材质可以不用粗砂纸打磨。

砂纸打磨过程可蘸水,干磨会减少砂纸的寿命。一般先打磨一处,磨好后检查一粗细感觉。作为参照,将其他地方全部打磨均匀。用 600♯砂纸打磨以后,可以直接换 1200♯砂纸打磨,同样可蘸水,直到产品没有划痕。用 1200♯砂纸打磨好以后,可以直接用棉布加车蜡,多擦一会,可获得镜面效果。车蜡要用不防水的清洁蜡。用 3000♯砂纸同理打磨好,换 5000♯砂纸打磨,然后用干棉布或者旧牛仔裤,反复擦,可获得高镜面效果。

(4)蒸气平滑

蒸气平滑处理是将 3D 打印零部件浸渍在蒸气罐内(蒸气罐底部已预先装入达到沸点的液体),利用液体蒸气在上升过程中融化零件表面约 2 微米左右的一层,使零部件表面变得光滑闪亮的方法。目前,蒸气平滑技术已经被广泛应用于消费电子、原形制造和医疗应用等领域。然而,蒸气平滑技术受到零件尺寸的限制,最大处理零件尺寸 3×2×3(ft)(1ft=30.48cm)。目前,蒸气平滑最常见的处理对象是 ABS 和 ABS—M30 两种材料。

(5)珠光处理

珠光处理是手持喷嘴朝着抛光对象高速喷射介质小珠,从而达到抛光效果的方法。珠光处理一般比较快,5~10 分钟即可处理完成。处理过后产品表面光滑,比打磨的效果要好,而且根据材料不同可以有不同的效果。其缺点在于,一是价格昂贵,二是由于珠光处理一般要求在一个密闭的腔室里进行,所以它能处理的对象是有尺寸限制的。通常处理的模型都比较小,而且整个过程需要手持喷嘴,效率较低,不能批量应用。珠光处理喷射的介质常用的有两种:一种是很小的经过精细研磨的热塑性塑料颗粒,另一种是质地不是太硬的小苏打。小苏打后续清洁比塑料珠难度大。珠光处理还可以为对象零部件进行后续上漆、涂层和镀层做准备,这些涂层通常用于强度更高的高性能材料。

(6)上色

除了全彩砂岩打印技术可以做到彩色3D打印之外,其他材料只可以打印单种颜色,例如ABS塑料、光敏树脂、尼龙、金属等。因此,有时需要对打印出来的物件进行上色,不同材料需要使用不同的颜料。

配色与个人的品味、对色彩的感觉和实际经验有关,对色彩把握得当,则会获得良好的视觉效果。如果不太确定自己的配色是否合适,可以利用软件模拟出效果来直观判断。例如,可以用Photoshop软件,对自己拍摄的图片进行配色处理;如果有数字模型,可以用渲染软件Vray或Keyshot来处理。

根据模型上色经验来揣度上色后的视觉效果。一般来说,想让模型颜色偏深沉和饱满,可以上灰色底漆;想让颜色鲜艳明亮,可以上白色底漆。但是,白色底漆遮盖性不好,对于彩色模型。即使喷涂多层也有颜色透出。当然,也可以用多种漆混合调色,可以调出想要的颜色。小型的喷漆工具主要有:喷漆用的气泵、模型用喷笔、颜料、砂纸、手套、口罩、布条等。

上色前确保工件已经打磨2~3遍,表面比较光滑。开始统一底漆,不同明暗的可以用遮盖布条盖掉上色,然后开始喷漆上色。上色后的部件再经过组合拼接就可以得到美观的3D作品了。

思考题

5-1 简述3D打印材料有哪些?各种材料的特性是什么?

5-2 简述常用的3D打印机有哪些?它们主要应用于哪些领域?

5-3 简述使用WEEDO? F152? 型桌面式3D打印机打印模型的操作步骤有哪些?

5-4 把思考题3-5所保存的三维数据文件应用WEEDO? F152? 型桌面式3D打印机打印模型。

项目六　FDM 桌面级 3D 打印机维护与保养

教学导航

项目名称	项目六　原型制作	
教学目标	1. 知道 FDM 桌面级 3D 打印机日常保养项目。 2. 知道 FDM 桌面级 3D 打印机打印平台调平方法。 3. 掌握 FDM 桌面级 3D 打印机打印喷头与材料的更换方法。 4. 掌握 FDM 桌面级 3D 打印机常见问题及故障排除方法。	
教学重点	1. FDM 桌面级 3D 打印机打印平台调平方法。 2. FDM 桌面级 3D 打印机打印喷头与材料的更换。 3. FDM 桌面级 3D 打印机常见故障及排除。	
工作任务名称	主要教学内容	
	知识点	技能点
任务一 FDM 桌面级 3D 打印机维护与保养	FDM 桌面级 3D 打印机维护与保养	会进行 FDM 桌面级 3D 打印机维护和保养。
任务二 FDM 桌面级 3D 打印机常见故障诊断与排除	FDM 桌面级 3D 打印机常见故障及解决办法	会进行 FDM 桌面级 3D 打印机常见故障检测和排除
教学资源	教材、课件、设备、现场、课程网站等。	
教学(活动)组织	1. 教师讲授 FDM 桌面级 3D 打印机维护与保养,学生听讲。 2. 学生现场对 FDM 桌面级 3D 打印机进行维护与保养,教师指导。 3. 教师讲授 FDM 桌面级 3D 打印机常见故障诊断与排除,学生听讲。 4. 教师总结。	
教学方法	理实一体教学、引导启发教学等。	
考核方法	根据学生对 FDM 桌面级 3D 打印机进行维护与保养情况进行现场评价。	

任务一　FDM 桌面级 3D 打印机维护与保养

为了保证 3D 打印机能够长时间工作,在其不工作的情况下需要定期进行保养,以及做一些日常方面的维护,以保证打印机高性能稳定地运行。下面以深州市汇丰创新技术有限公司研发的 HF－001 型 3D 打印机为例,介绍在日常使用过程中的维护和保养知识。

1. 打印机日常维护指南

日常的维护主要包括:清洁打印喷头、更换打印平台贴纸、打印平台定期检查调平、

110

更换空气过滤芯片及光轴和丝杆维护等。

(1)打印机喷头的清洁

在三维打印过程中,耗材中的部分碎屑、灰尘颗粒都可能在打印喷头周围聚积。随着时间推移,这些积聚物会导致打印精度变差或喷头堵塞。所以,每次打印前需要检查打印喷头是否堵塞,是则进行清洁。

维护方法:清洁打印喷头一般用镊子、擦布剔除喷头周围杂质即可,如图 6-1 所示。

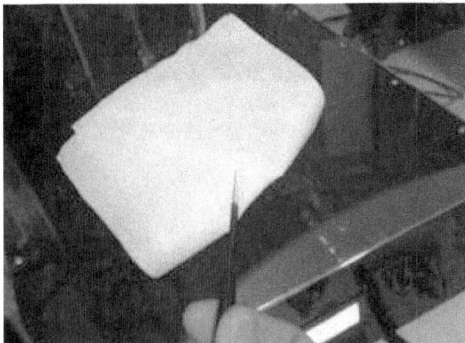

图 6-1　清洁打印机喷头

(2)打印平台贴纸的更换

查看打印平台上蓝色 3M 贴纸表面是否磨损、不平,若贴纸有磨损,必须更换,以确保模型能够牢固黏贴在打印平台上。

维护方法:从配件盒里找出新胶带贴纸,把打印平台上的胶带贴纸从左边底部撕开,慢慢剥去,不要有残留,再贴上全新的贴纸即可,如图 6-2 所示。注意贴纸之间不要留间隙。

图 6-2　打印平台贴纸的更换

(3)空气过滤芯片组件的更换

一般空气过滤芯片组件,使用 500 小时后必须更换,否则会导致对尘粒的过滤效果大幅降低。

维护方法:首先将打印机后侧的风扇盖板整体用力直接取下来,然后将新的过滤芯片组件盖板直接安装上去即可,如图 6-3 所示。

图 6-3　更换空气过滤芯片组件

（4）打印平台定期检查调平

打印机平台是否水平直接影响打印模型的精度，因此，需要对打印平台进行定期检查和调平。

调平方法：

步骤1　将 A4 纸放置于打印平台

将一张白色 A4 纸放置于打印平台上，打开电源开关，当机器复位后观察喷嘴与平台之间的距离，如果刚好软接触（约一张 A4 纸厚度），则关闭电源，如图 6-4 所示。

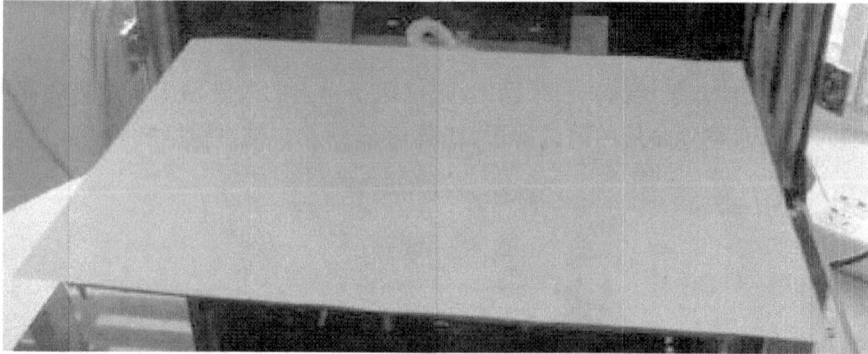

图 6-4　A4 纸放置于打印平台

步骤2　调整平台与喷头的间隙

用手推动挤出机在 X/Y 方向上自由移动此时，这时调整平台下部的 4 个螺母，调整平台与喷头的间隙，直至 A4 纸张能在平台与喷头间刚好滑动。控制好间隙，不能太松也不能太紧，如图 6-5 所示。

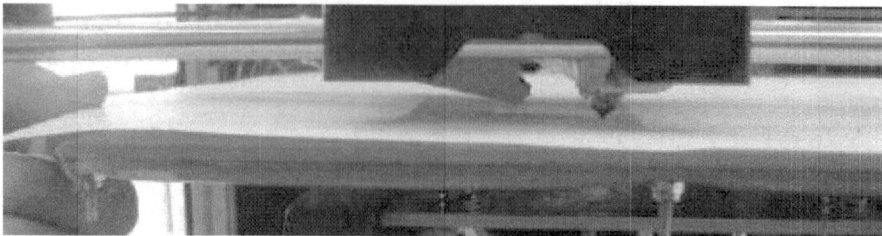

图 6-5　调整平台与喷头的间隙

步骤 3　间隙还不合适要重新校准

调整完成后,如果感觉平台和喷头的间隙还不合适,请重新校准各个位置,直到间隙合适为止。

(5)光轴和丝杆维护

打印机在使用过程中,X、Y,两个方向都是依靠精密导轨和脚丝杆来确保平稳、精准的直线运动。在添加润滑硅脂后,能减少摩擦力,降低机械运动部件的磨损,因此,必须定期保养。机器使用 1000 小时后必须保养一次。

维护方法:从随机配件盒中将润滑硅脂拿出来,均匀地涂覆在丝杆或光轴上,然后开动设备,让各轴全行程走动数次,使润滑硅脂均匀分布在各轴表面。

(6)打印喷头组件的维护与更换

打印机在长时间使用之后,进料齿轮持续传送并摩擦料丝,齿轮上会黏住料丝粉末,导致齿轮抓力减弱,影响传动效果。定期拆卸、清理喷头组件,能保持机器流畅运转。机器工作 500 小时之后,应彻底清理喷头组件。

①清理喷头和电机齿轮

步骤 1　拔下喷头电机的连接线插头

在确保关机的情况下,打开打印机的门板,先拔下喷头电机的连接线插头,如图 6-6 所示。

图 6-6　拔下喷头电机的连接线插头

步骤 2　取出电机与进料齿轮

完全拧开右侧风扇底部的两个内六角螺丝,取下风扇与散热片。然后,从后侧将电机与进料齿轮整体取出,如图 6-7 所示。

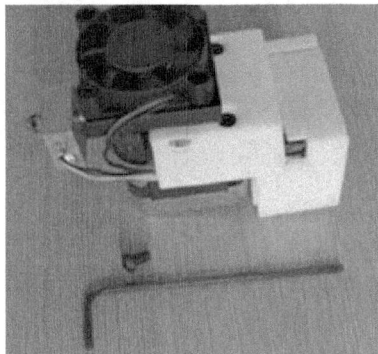

图 6-7　将电机与进料齿轮整体取出

步骤 3　清理喷头和电机齿轮

用镊子对电机齿轮上料丝碎屑进行清理,如果喷头堵塞,把喷头用火加热 200℃左右,用银针在喷头孔内往复移动,把残留的料丝去除。清理完毕再按逆步骤操作安装即可。

注意:最后要把电机连接线的插头插上。

②打印喷头的更换

在打印过程中,由于操作不当或者料丝的材质选用不好,都会导致喷头堵塞,必要的情况下,需要进行喷头更换。

步骤 1　取下电机齿轮组件

使用内六角扳手将固定喷头喉管的螺丝旋下,从底部取下喷头的整体部件,拔下喷头的连接线插头,如图 6-8 所示。

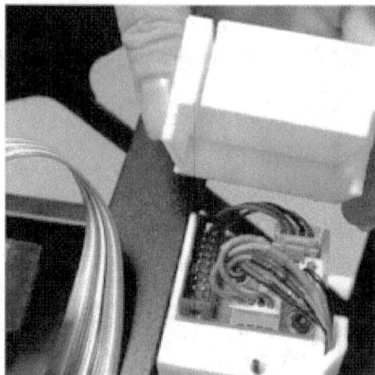

图 6-8　拔下喷头的连接线插头

步骤 2　安装新喷头组件

首先把电机齿轮组件放置到原位,用以确定喷头喉管在铝块上方伸出来的长度,把新喷头的喉管部分从底部插入到铝块中,喉管的最上方与电机齿轮的底部紧密接触(注意电机的位置不能动);然后拧紧固定喉管的螺丝;把风扇、散热片与电机安装好,拧紧顶部的两个内六角螺丝;最后把电机连接线的插头插上,如图 6-9 所示。

图 6-9　安装好喷头组件

步骤 3　校准打印平台

整个过程结束后,需要重新校准打印平台才能开始打印模型。

(7)材料装载或更换

无论新购置桌面 3D 打印机,或者材料使用完后需要重新换取新材料,还是打印材料中途

有断丝现象,都需要材料装载或更换,具体操作步骤如下:

步骤1　预热

打开电源开关,打印机,进入显示屏主菜单栏,如图6-10所示。操作显示屏点击"预热"键加热页面,默认目标温度180℃,点击增加,则喷嘴开始加热,可以继续点击增加按钮,加高目标温度至190℃,温度会逐渐加热到目标温度190℃。

图6-10　显示屏主菜单栏

步骤2　挤出

当温度升至190℃时,点击"返回",返回到主菜单后,点击"挤出",进入挤出界面,如图6-11所示。此时选择10mm,点击"进料",就会从挤出机喷嘴出料,当看不到原来的材料时把新料插入进料口,直至靠近齿轮处,此时能够感受到进料后,松开手,使其自动进料,直到新材料从喷嘴处挤出。

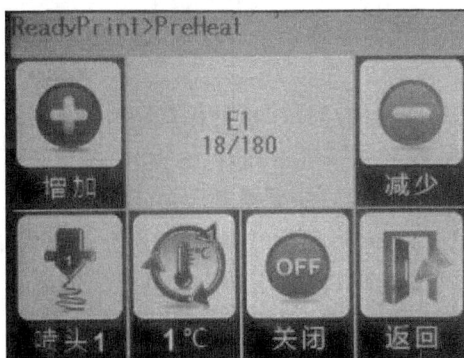

图6-11　进料窗口

任务二　FDM桌面级3D打印机常见故障诊断与排除

1. 3D打印机温度不稳定

3D打印机工作过程中温度不稳定,当它掉到最低下限温度以下时,挤出机就会停止转动,主要有以下几种解决办法:

(1)将3D打印机打印进行时的温度与打印第一层时的温度设定为一样的,让其保持统一。

(2)把整体温度调高,让挤出机头部温度不至于掉到最低下限温度以下,这样就可以有效避免强制停止现象发生。

(3)降低原来设定的最低下限温度,避免温度不至于掉到最低下限温度以下。

2.打印过程中出现丢步现象

在打印过程中由于打印速度设置过快,造成步进电机丢步现象的发生,如果出现这种状况,可以适当减低 X、Y 轴电机速度。电流过大导致的电机温度过高也容易造成丢步,此外,还有皮带过松或者过紧也能导致丢步,电流过小也会出现电机丢步现象。如果是因为电流过大或者电流过小可以改变电流大小进行修改。

3.步进电机抖动,不正常工作

步进电机相序接错,可通过调整线序即可。调整方法为将相应接电机线端口处紧靠边的两根调换一下接口。

4.打印过程中挤出头发出咔咔声

如果打印中出现了咔咔的异响声,应该是挤出头堵了,原因大概有以下几种:

(1)所选材料比较劣质,粗细不均匀,气泡杂志较多,不完全融化。

(2)打印头温度过高或者使用时间过长,材料会碳化成黑色小颗粒堵在打印头里面。

(3)打印机散热性能不好。

(4)换料时,残料没有清理干净,会留在送料轴承或者导管附近。

(5)送料齿轮磨损太多或者残料不足,导致扭力不足。

(6)模型切片问题。切片软件生成的 GCODE 不是匀速的。有些段速度会较快,就可能导致咔咔声。

解决办法:

(1)先调平换别的材料打印试试看。

(2)用绣花针一样的东西尝试着疏通一下打印头。

(3)清理一下送料齿轮。

(4)去找打印机售后维修人员,国产打印机的保修期一般都是一年。

(5)如果你使用的是 DIY 或者二手机器,建议你拆开,顺便了解一下结构原理。

(6)如果上述问题还是无法解决,只能更换打印头了。

总之,在 3D 打印机使用过程中,可能会出现一些意想不到的情况,下面就这些可能出现的问题及其解决方法进行一个小结,以便使用者能够自行检查和解决问题。

(1)换丝操作不是每次开机都要进行的,只在更换料丝时才做。

(2)模型打印结束后,不要立即用手去拿模型,应等模型冷却一会,再用刮铲轻轻铲下模型。

(3)打印的模型底部黏不牢固,或者出现模型跑位时,应检查打印平台设定温度是否正确,打印平台是否已经达到设定温度。如果打印平台温度正确,应检查打印平台是否平整,不平整则需调整打印平台。

(4)打印过程中,如果打印喷头堵塞或者不出丝,应先检查送料架上的料丝耗材是否已经用完:

①若料丝用完,则表示有料丝段遗留在打印喷头里。这时应拆下打印喷头上方的风扇。取下打印喷头,然后将打印喷头加热到 230℃,用钳子小心将料丝段拔出。关闭打印机,待打印喷头变凉后重新安装上去。

②若料丝没有用完,则表明打印喷头堵塞。这时应拆下打印喷头上方的风扇,查看进料齿轮是否缠绕料丝。若有料丝缠绕,从铝块上方将料丝剪断,取下打印喷头,然后将打印喷头加热到 230℃,用钳子小心将料丝段拔出,同时取下挤出器,清理进料齿轮里的料丝及碎屑,关闭打印机,装上挤出器及打印喷头;若没有料丝缠绕,应将打印喷头加热到 230℃,按下挤出器手柄,手动进丝,稍用力往下推丝,将遗留在打印喷头里的料丝推出,然后手动退丝,再手动进丝,重复几次,直到打印喷头完全疏通。

注意:小心疏通打印喷头,避免烫伤。

思考题

6-1　FDM 桌面级 3D 打印机日常保养项目有哪些?

6-2　FDM 桌面级 3D 打印机打印如何进行平台调平?

6-3　FDM 桌面级 3D 打印机打印喷头与材料如何更换?

6-4　FDM 桌面级 3D 打印机常见问题及故障排除方法有哪些?

参考文献

1. 杨继全,冯春梅. 3D打印—改变未来的制造技术[M]. 北京:化学工业出版社.2014.1
2. 杨继全,戴宁,侯丽雅. 三维打印设计与制造[M]. 北京:科学出版社.2013.11
3. 史玉生.3D打印技术概论[M].武汉:湖北科学技术出版社,2016.2
4. 陈雪芳,孙春华.逆向工程与快速成型技术应用[M].北京:机械工业出版社,2015.9
5. 王广春.增材制造技术及应用实例[M].北京:机械工业出版社,2014.2
6. 王刚,黄仲佳.3D打印实用教程[M].合肥:安徽科学技术出版社,2016.8
7. 王永信,邱志惠.逆向工程及检测技术与应用[M].西安:西安交通大学出版社,2014.5
8. 程思源,杨雪荣.Geomagic Qualify 三维检测技术及应用[M].北京:清华大学出版社, 2012.4
9. 吴萌.基于逆向工程和 3D 打印的玩具模型仿制技术[J].天津:天津职业技术师范大学学报,2017 年第 1 期 28－32
10. 任晓东.熔融沉积 3D 打印机所面临的问题及解决办法[J].哈尔滨:机械工程师,2017 年第 1 期 103－104